いないことにされる私たち

福島第一原発事故10年目の「言ってはいけない真実」

Miki Aoki
青木美希

朝日新聞出版

いないことにされる私たち

福島第一原発事故10年目の「言ってはいけない真実」

目次

第1章　消される避難者

第2章 少年は死を選んだ

装幀　間村俊一

はじめに

福島第一原発事故から10年。

「十年一昔《じゅうねんひとむかし》」といい、「復興が進み、多くの人々が元の地域に戻っているのでしょう」と記者仲間からも言われるようになった。しかし、いまも原子力緊急事態宣言が発令されており、7万人が避難しているのが現状だ。もう過去のことだという世間の雰囲気に乗じて、あの話は終わったことにしたい原発依存勢力が息を吹き返し、これまでよりは安全になったという「新安全神話」を広めている。政府は、絶対的な安全性を担保しないまま原発を9基、再稼働させた。

政府はさらに原発の再稼働を進めるため、地元で根回しを続けている。2020年6月ごろには資源エネルギー庁の高橋泰三《たかはしたいぞう》長官（当時）が「お金もかけているし、安全審査も進んでいる。動かさないままにすることはできない」と自民党新潟県連で柏崎刈羽《かしわざきかりわ》原発の再稼働を訴えたという。

そして、長く現場を取材する記者が配置転換や退職で減っていく。報道が少なくなり、世間の関心が薄れる中で、政府は被災者への支援を打ち切っている。政府と福島県は避難者2万世帯の住宅提供を打ち切り、その後、自死に至った人がいる。福島県南相馬《みなみそうま》市に暮らしていたある家族は、避難先の新潟県で住宅提供が打ち切られた。生活のため父親が除染作業員として一人で福島県に戻った直後、中学3年生の息子は、自ら命を絶った。「お父さんがいなくて寂しい」と同級生たちに言い残したという。

政府が避難指示を出した区域に住んでいた人で重症精神障害に相当する人の割合は全国平均の2倍近くという状況が続いている。しかし、政府は２０１９年、医療費を無料にする措置を打ち切る方針を決めた。自死した中学生の父親はうつになり、20年12月に入院し、「有料になったら医療を受けられなくなる。子どものあとを追った方がいいのか……」と嘆いた。

新型コロナウイルス感染症の蔓延《まんえん》で生活に困っている被災者がさらに困難に陥《おちい》っている。

三つの仕事を掛け持ちしながら中学生を育てている南相馬市の50代の女性は、２年前からカウンセリングを受けている。コロナによる県からの時短要請で仕事先の一つである飲食店が休業になった。「収入が減り、これで医療費が打ち切られたら病院にも行けません。周囲にも、うつやＰＴＳＤ（心的外傷後ストレス障害）になっている人が多いです。政府は人間を人間として見ていないですね。税金は昨年の収入をもとに納めないとならない。殺したいんでしょうか。原発事故に続いて、また棄民《きみん》ですよ！」と私に訴えていた。南相馬市の長期避難者用県営住宅では20年5月に浪江《なみえ》町の60代の男性が孤独死しているのが見つかった。社会福祉協議会の相談員が月一度訪問していたが、コロナで3カ月止まっており、死後2カ月ほどと推定された。

影響は被災者だけの話ではない。

20年秋、季節の恵みとして富士山周辺地域で採られた山盛りのキノコの写真がＳＮＳに出回っていた。しかしこの年も、福島第一原発から約３００キロメートル離れた静岡県御殿場《ごてんば》市で採取した野生キノコから170ベクレル、小山《おやま》町で採取した野生キノコからは130ベクレルと基準値（100ベクレル／キログラム）超の放射性セシウムが検出された。放射性セシウムは自然界にはほぼ存在しない。政府が出荷制限を指示し、県が摂取自粛を呼びかけ続けている。基準値超で政府が野生キノコや山菜の出荷制限をかけた地域があるのは北は青森から南は静岡まで13県にのぼる。

国もメディアも十分な周知をせず、春や秋は山菜やキノコ狩りを楽しむ人たちでにぎわう。このなかで自民党は21年3月に山菜や野生キノコ、ジビエなどの基準緩和を提言した。100ベクレル以上の食品が流通することになる可能性がある。

政府は放射性物質で汚染されたために取り除いた福島県内の汚染土1400万立方メートルを、処理しきれないとして全国の農地や道路に使えるようにしていく方針だ。福島県飯舘《いいたて》村長泥《ながどろ》では除染で取り除いた汚染土を運び込み、農地として使うための工事が進んでいる。表面をきれいな土で50センチ覆《おお》い、作物を育てる予定だ。「故郷が汚染土の捨て場所になっていく」「汚染土で野菜をつくるなんて。何のための除染だったのか」。住民や除染作業員、専門家から疑問の声があがる。汚染土再利用を進め、処理済み汚染水の海洋放出を提言している人物を調べていくと、原発を数十年前から推進し、再び原発は必要だと訴え、復権させようとしていた。彼に近いある政治家も同様の声をあげていた。複数の被害者から「彼らが復興したいのは自分たちが被害を与えた地域や人々ではない。汚染土や汚染水を見えなくして被害を忘れさせ、原発を復興させようとしているのだ」「なぜ住民をさらに被曝《ひばく》させようとするのか」との声が聞かれる。

政府は「避難者が減り、復興が進んだ」というが、政府が発表する避難者数4万人は、各市町村がまとめている避難者数7万人の6割に過ぎない。福島県では長期避難者用県営住宅に入居した人や住宅提供を打ち切った人を基本的に避難者から除外して集計している。福島県浪江町の帰還率は10年近く経っても5・4％（21年1月末現在）。避難者として数えられなくなった町民から「放射線量や土の汚染がなくなり元に戻れば、浪江町に帰りたい。なぜ避難者の一人に数えられないんだ」と声があがっているが、要望はかなえられない。

私は、伝えなければならないと思って、現場で踏ん張ってきた。

私は北海道で生まれ育ち、貧困に陥っている、虐《しいた》げられている人たちの声を広く伝えたい、格差をなくすにはどうしたらいいのかを知りたいと記者になった。北海道新聞で警察担当記者のときに警察裏金問題を手がけ、取材班で菊池寛賞などを受けた。記者として声をかけられて朝日新聞に記者職で入社した。朝日でも原発事故検証企画「プロメテウスの罠」、「手抜き除染」取材班で新聞協会賞を受賞した。デスクか編集委員かどちらになりたいのか聞かれ、「現場にいさせてください」と言ってきた。現場にいなければ、隠された事実を調べられないと思ったからだ。

そして、東日本大震災の取材を続けているのは、彼らが、私たちが、政府が情報を隠す中で搾取《さくしゅ》され続けているためだ。

私は、現在、原発について直接新聞記事を書く立場にはないが、現場の声を届けるために本で伝えたいと思った。

多くの励ましの声を頂いた。私が初めに勤めた会社の新聞「北海タイムス」（休刊）を配達してくれていた人や、北海道新聞、そして朝日に来てからの取材先。数万人がSNSで応援してくれた。見知らぬ人から手紙も届いた。メールも来た。一番多かったのは「伝え続けてください」の声だった。

このまま黙っていては、何も変わらない。私は、何も伝えられていない。

新聞記事には書けなくとも、多様なメディアで発信していくことができる制度を申請した。ネットメディア、雑誌、ラジオなどで伝えている。そしてようやく本著を書くことができた。


忘れられないことがある。

福島第一原発事故前、北海道泊《とまり》村の泊原発のPR館で職員が言っていた。

「日本はソ連と違いますからね。チェルノブイリのような事故は日本では起こらないです」

しかし、日本でも世界最悪レベルの事故は起きた。

２０１９年11月、鹿児島県薩摩《さつま》川内《せんだい》市の川内原発で男性職員が団体に説明しているのを聞いた。

「九州電力は事故を起こした東京電力さんとは違いますから。安全はしっかりしています」

うちは違う、大丈夫です。そうやってまた原発を動かす。同じ事が起きている。

私が東京都世田谷区の保坂展人《ほさかのぶと》区長と19年に対談した際、保坂氏は訴えた。

「また第二第三の事故が起こる国になっていると感じます。この国は3・11をまたやろうとしている。それは自覚しましょう」

私は、教訓を得ようと、原子力関係者を一人ひとり、訪ねて話を聞いた。重鎮ポストを務めた一人は、避難指示区域を訪れて謝罪をし「原発はやめるべきだと思う」と口にした。

私には、まだできることがある。

再び、事故が起きる国にならないように。これ以上、被災者が切り捨てられることがないように。

伝えられていないことを、伝えなければならないことを、いまできる精いっぱいで、少しでも、明らかにしようと思う。

第1章　消される避難者

——何の保護も与えられないので、私たちは「自力避難」と言っています。命や健康ほど大切にされなければならないものはありません。避難の権利を与えてほしい。

（「Thanks & Dream〈サンドリ〉」代表・森松明希子氏）

いつの間にか消えた9割の避難者

私たちが、いつの間にか、避難者から消されている――。

福島県郡山《こおりやま》市から大阪市に避難している森松明《もりまつあ》希子《きこ》さん（47）は、区ごとの避難者数一覧表を手にして驚いた。

東日本大震災での避難者は50万人を上回り（2011年3月20日付「朝日新聞」から）、11年4月、政府（総務省）は「全国避難者情報システム」の運用を始めた。避難した人が避難先の市町村に名前や避難前と避難先の住所を登録すると、避難前の自治体から通知などのお知らせが送られるようになる。政府や各自治体、支援団体が避難者たちにこの情報システムの登録を呼びかけ、森松さんも同年5月に避難してまもなく所定の「避難先等に関する情報提供書面」を、一緒に避難する長男長女と自分の3人分、3枚を記入して大阪市に届け出ていた。

しかし大阪市が、森松さんの加わる「大阪府下避難者支援団体等連絡協議会」に、17年に回

福島県郡山市から大阪市に避難した森松明希子さんと2人の子どもたち
＝2013年8月　写真：森松さん提供

答した区別の避難者数一覧表には、森松さんたちが避難先として暮らしている区に自分たちを示す数字「１世帯３人、女２人男１人」が記されていなかった。避難者として数えられていないということだ。

12年６月に超党派の議員立法により成立、施行された「原発事故子ども・被災者支援法」は、人々が居住、他地域への移動、帰還を自らの意思で行えるよう、いずれを選択しても政府が適切に支援する、と定めている。郡山市には避難指示は発令されなかったものの、政府は「放射線量が年間20ミリシーベルト未満だが『一定の基準』以上の地域」である同法の支援対象地域に指定している。

支援対象地域からの避難者なのに、なぜ登録から漏れているのか。うっかり忘れられた、という可能性は低い。

「賠償金をもらってていいね」「まだ避難しているのか」――避難者たちは否定的な言葉を投げつけられることも多い。しだいに疲弊し、匿名でないと取材に応じづらくなり、口をつぐんでしまう人もいる。

森松さんは取材に実名で応じ、顔を出して活動。明るい笑顔で国会、内閣府、大阪府、ときには子どもを連れてどこにでも行く。マイクを持つと、はきはきと早口で、身ぶり手ぶりをまじえて訴える。法学部と法科大学院で学んだ法的思考・知識と実体験を示しながら官僚や県職員に憲法、法律や各国からの勧告に基づいた施策を行うよう訴える。14年に関西で立ち上げた当事者の会、東日本大震災避難者の会「Thanks & Dream（サンドリ）」代表でもあり、国と東電を相手取って「避難の権利」を求め、大阪地方裁判所に訴えた集団訴訟「原発賠償関西訴訟」の原告団243人の代表も務めている。

この避難者数問題は、森松さん主宰の「Thanks & Dream」や弁護士会など約100団体から成る「大阪府下避難者支援団体等連絡協議会」が同府内に暮らす避難者の人数を各市町村に調査して発覚した。

同協議会は、府内の各市町村に避難者数を確認した上で、市町村を通じて避難者に支援情報「定期便」を郵送するなどしている。今回は、17年3月末に避難指示区域外に暮らしていた避難者への住宅提供が打ち切られたのを機に、協議会が4月、府内の各市町村に、避難者数を書面で問い合わせた。集計結果は500世帯854人。5月31日、協議会の定例会合でこの調査結果が配られた。

森松さんは配布された避難者数一覧表を見て、自分たちが人数に入っていないことに気がついたのだった。大阪市の資料には区、世帯数、世帯構成、男女別人数、中学生以下の子どもや高齢者の内訳が書いてある。森松さんたちが住む城東《じょうとう》区の欄には1世帯2人、母子世帯でともに女性、子どもはゼロとの記載のみで、森松さんと子どもたちを示す1世帯3人、男性1人女性2人、うち子ども2人、の記載は無かった。

この会合に参加したある避難者の女性が、復興庁がインターネットで公表している「全国の避難者数」を確認すると、そこには大阪府の避難者が88人（同年5月30日公表）と記されており、協議会の調査した数値と10倍の開きがあった。

翌6月1日、この女性が、避難者たちの集会で「(協議会が調査した) 大阪府内の避難者数『854人』と、復興庁発表の資料による『88人』と大きな違いがあります」と発言し、避難者、支援者たちに「避難者が消されようとしている」という危機感が生まれた。さらにこの女性が6月2日に大阪府災害対策課に問い合わせたところ、総務省が運用している「全国避難者情報システム」に登録している避難者は府内で約1200人とわかった。

母子3人で大阪市に避難している森松さんは、このシステムに自ら避難者だと届け出ている。6月2日に森松さんが府災害対策課に電話で問い合わせると、「全国避難者情報システム上の大阪府への登録は1200人ぐらいというのは把握しています。ただ、この数字には帰還した人や別地域に転居しても旧住所に登録したままにしている人も含まれていて、信憑性《しんぴょうせい》がない数字です」との回答だった。森松さんは、総務省の統計「1200」が実際より少し多いとしても、復興庁の統計88人は極端に少なすぎ、疑問をもった。森松さんが代表を務める「原発賠償関西訴訟原告団」243人のうち、100人以上が大阪府在住のはずだ。88人という数字は、これをも下回っている。

17年3月末で政府と県が避難指示区域外避難者――いわゆる自主避難者への住宅提供を打ち切り、避難者は経済的に困窮《こんきゅう》している。避難者が避難元、受け入れ先双方の自治体の保護をますます必要としている状況なのに、これでは「あるものがなかったこと」にされてしまい、支援が受けられなくなる、と森松さんたちは危機感を覚えた。

そもそも避難者数とは何なのか。大阪府内の避難者数に「全国の避難者数（復興庁による）」「全国避難者情報システム（総務省による）」「大阪府内の市町村集計（協議会による）」の3種類の数字が存在するのはなぜだろうか。

政府が公表している数字は、「全国の避難者数」で、復興庁が各都道府県から避難者数を報告してもらって全国の避難者数合計を出し、都道府県別の一覧とともに毎月ホームページに掲載している。この避難者数の数え方について、14年に復興庁が事務連絡を各都道府県に出している。

1．避難者とは、東日本大震災をきっかけに住居の移転を行い、その後、前の住居に戻る意思を有するものです。
・原発事故による自主避難者も含みます。
・戻る意思があれば避難者と整理してください。ただし、意思の把握が困難な場合、住居購入などをもって避難終了と整理しても可とします。
2．住民票を移したことのみを以《もっ》て避難終了とは整理しないものとします。ただし、その際に避難終了の意思を確認した場合は、避難終了と整理してください。
3．総務省の全国避難者情報システムは、避難者の任意の情報提供に基づくものであり、登録していない避難者も相当数いると考えられるため、その分は公営住宅入居者数などを活用し、適宜、数の調整を行ってください。

平成 26 年 8 月 4 日

各都道府県 避難者数調査担当者様

全国の避難者数調査に関しまして、ご協力頂きありがとうございます。

先日、ある県において、避難元県が借上げ住宅を提供していた事例が新たに判明し、避難者数が増加する事象がありました。

本調査について、これまで各都道府県からご質問をいただいた際にお答えしてきたことを基に、以下のように留意事項をまとめておりますので御連絡いたします。

1．避難者とは、東日本大震災をきっかけに住居の移転を行い、その後、前の住居に戻る意思を有するものです。
・原発事故による自主避難者も含みます。
・戻る意思があれば避難者と整理してください。ただし、意思の把握が困難な場合、住居購入などをもって避難終了と整理しても可とします。
2．住民票を移したことのみを以て避難終了とは整理しないものとします。ただし、その際に避難終了の意思を確認した場合は、避難終了と整理してください。
3．総務省の全国避難者情報システムは、避難者の任意の情報提供に基づくものであり、登録していない避難者も相当数いると考えられるため、その分は公営住宅入居者数などを活用し、適宜、数の調整を行ってください。
4．避難者がいる可能性がある市町村には調査を行ってください。

不明な点がありましたら、粟津までお問い合わせください。

各都道府県の皆様におかれましては、今後とも本調査へのご協力をどうぞよろしくお願いいたします。

担当：復興庁　被災者支援班

復興庁が各都道府県あてに送って示した避難者の定義の文書

4．避難者がいる可能性がある市町村には調査を行ってください。

この事務連絡の4にあるとおり、各都道府県が避難者がいる可能性のある市町村に聞き取っていれば、市町村集計と都道府県の把握する避難者数はイコールになる。私が複数の都道府県に聞き取ったところ、東京都が「各自治体（市区町村）から報告を受けた数字を足しています」と回答するなど、実際にイコールになっている都道府県がある。ところが、大阪では府が復興庁に報告した府集計で88人、市町村集計で854人。この乖離《かいり》はなぜ生じたのか。

一方、「全国避難者情報システム」は総務省が管轄で避難者が自主申告し、避難元と避難先自治体が情報共有するためのものだ。取り下げや変更も自主申告であるため、帰還した人も含まれていたり、ダブルカウントもあると指摘される一方、先の事務連絡の3に記載されていたとおり、自主申告なので把握されていない避難者も相当数いるという見方もある。市町村はこの避難者情報システムのデータを元に避難者数を精査し、都道府県に報告しているケースが多くみられる。

森松さんたちは、政府が公表する避難者数の過去のデータを調べた。

政府は復興庁のホームページで2011年7月28日以降の都道府県別の避難者数を1カ月ごとに公表している。当初は「避難所（公民館、学校等）」「旅館、ホテル」「その他」「住宅等」で分類していたが、避難所がゼロになっていき、14年2月13日以降は「住宅等（公営、応急仮設、民間賃貸等）」「親族・知人宅等」「病院等」と施設別の三つに分けている。

　復興庁が公表する大阪府内の避難者数が急激に減少したのは16年。３月10日に６９７人だった避難者は４月14日現在で４２３人に――。たった1カ月で４割弱も減少している。「親族・知人宅等」のカテゴリーは１８５人から突如《とつじょ》、ゼロに。その後、１年にわたりそのままだった。「住宅等（公営、応急仮設、民間賃貸等）」の人数も16年３月10日の５１２人から17年３月13日時点では３３４人と1年で３割以上も減った。そして、17年５月現在の総数として「88人」という統計になっていたのだ。

　森松さんはこの「親族、知人宅がゼロ」があまりに怪しいと思った。避難先は、頼れる親戚知人の縁や、土地勘を理由に選ぶケースが多い。実際に森松さんの知り合いにも府内の親族、知人宅に避難している人がいた。復興庁の統計は明らかに間違いだ。

　森松さんは６月６日、より情報を集めようと、フェイスブックで状況を説明し、こう呼びかけた。

　　避難者の皆さまにおかれましては、お一人でも
　「あれ、私、避難者だけど、親族・知人宅に避難（避難移住も含む）してるよ」

　とこっそり教えてくださったら、それだけで、この「復興庁の公式数字」は覆《くつがえ》ります。

　どうぞ情報提供ほか、ご支援、ご協力のほど、よろしくお願い申し上げます。

「親族・知人宅」に避難している人がさらにあらわれれば、統計が違うことを証明できるとの思いだった。すぐに2世帯の避難者から「うちも府内に避難している」「うちも入っていないよね」と情報提供が寄せられた。

自分たちの統計を真実の数字に戻すための、森松さんや支援団体、避難者たちの戦いが始まった。

郡山市の3・11

森松さんは、中学、高校時代を大阪市で過ごした。入学した同志社大法学部へは、奨学金を受けながら通った。ある企業が創業10周年の際に、「リーダーシップのある人・向学心旺盛《おうせい》な人・将来何かやりそうな人」を応援するために1971年に創設した奨学金で、奨学生だったOB・OGとの交流会など生涯にわたる支援が特徴だ。

森松さんはこの交流会で、奨学生OBの医学生と出会い、2005年に結婚。夫が翌年、郡山市の病院に就職し、夫婦で、夫の勤務する病院の借り上げ住宅だった10階建てマンションの8階に暮らし始めた。

郡山市は奥羽《おうう》山脈や阿武隈《あぶくま》山地に連なる山々に囲まれ、阿武隈川などの河川が流れる。97年に東北で最初の中核市に移行、人口は05年にピークの33万8800人となり、10年は33万8700人と横ばいで推移していた。

また市内に磐梯熱海《ばんだいあたみ》など温泉地があり、山菜やキノコ、フルーツも豊富。妊婦教室で出会ったママ友たちが採れたての白菜やキャベツ、葉がついたままの大根を「実家からたくさん送られてきた。食べて」と分けてくれるなど、人柄も温かく、居心地がよかった。

東京とは新幹線で1時間20分ほどで行き来できるのも魅力だった。

２人の子どもも生まれ、ずっとここで暮らそう、と夫と話していた。「そろそろ家を買おうか」「温泉の近くか、駅の近くがいいかな」とも話題にしていた。

郡山に暮らして5年ほどたった２０１１年3月11日、長男の明暁《めいよう》君が3歳、長女明愛《めいあ》ちゃんは生後5カ月だった。明暁君は4月に入園予定の私立幼稚園のプレスクールに行っており、いつも通り午前8時に幼稚園バスに乗せ、見送った。森松さんはマンションに明愛ちゃんと２人で過ごしていた。午後、見ていたテレビを消し、育児日記を書こうかと思った矢先だった。

午後2時46分――ゆさゆさと揺れを感じたと思うとすぐに激しくなり、まるで直接体を揺さぶられているような感覚になった。森松さんはベビーチェアにいた明愛ちゃんを抱きかかえ、頭を守るように抱きしめた。さらに揺れが大きくなり、抱っこしながら、四《よ》つん這《ば》いで進み、リビングの食卓のローテーブルの下に明愛ちゃんをあおむけに寝かせた。明愛ちゃんの顔が見えた。地震の揺れを、あやされている動きと勘違いしたのか、「いないいないばあ」だと思ったのか、キャッキャと声を上げて笑っていた。森松さんは娘の笑顔を見られるのもこれが最後かも知れないと覚悟したという。

郡山市は震度6弱。食器棚やソファが揺れとともに移動し徐々に近づいてくる。まるで森松さんに迫りくるようだった。森松さんが大学時代に遭った阪神・淡路大震災では死者の大半が倒壊家屋による窒息死・圧死だった。「こうやって圧死するのか」。台所の電子レンジの上に置いておいた圧力釜がキッチンから飛んできて森松さんたちの1・5メートル手前で床に落ちた。皿や置き時計も飛んでいた。

ようやく揺れがおさまると、食器棚から投げ出された食器類が割れて床に散乱していた。本棚から本が崩れ落ち、机から落ちたデスクトップパソコンが壊れていた。森松さんは家じゅうがひっくり返ったような光景を前に「うちががれきの山になった」と呆然《ぼうぜん》とした。そのうちにカーペット敷きのリビングの端から水がじわじわとしみ出てきた。マンションの貯水タンクが壊れて室内に漏れてきたようだった。1時間ほどで、どのフロアも水浸しになっていた。天井からも水が漏れてきて、自宅は10～20センチほどの水かさになった。森松さんはまだ首がすわっていない明愛ちゃんをおんぶして8階から階段で下り、マンションの向かいにある保育園内のホールに逃れた。

明暁君は生きているだろうかと心配だった。ホールでママ友が「赤ちゃんをみておいてあげるから行っておいで」と言ってくれたので、雪の降るなかを歩いて1・5キロ先の幼稚園に向かった。午後7時を過ぎていた。家のそばの小さい路地ですれ違った乗用車の運転席から「お母さん！」と声が聞こえた。幼稚園教諭の女性だった。後部座席に小さな明暁君が乗っていた。女性は明暁君を森松さん宅に送り届けようとしているところだったのだ。

「生きてた。良かった」

森松さんは、85センチほどの明暁君の体をぎゅうっと抱きしめた。明暁君は無邪気《むじゃき》な笑顔を浮かべながら、乾パンのようなものをポケットから取り出した。

「これ先生にもらったよ！」

乾パンとおせんべいが詰めこまれたポケットは、両方ともぱんぱんだった。

「ぼくぜんぜんこわくなかった。先生の顔の方がこわかった」

地震が起きたときはちょうど昼寝の時間で、揺れの怖さを体験しなくて済んだという。地震を体感したことで余震のたびに泣き出す子もいるが、明暁君はその後、PTSD（心的外傷後ストレス障害）になることもなかった。

マンション8階の自宅玄関ドアの外側に「マンション前の保育園にいます」と夫あてに貼り紙をした。夜中に夫が保育園に迎えに来て、家族4人で夫の病院内に避難することになった。

病院は停電しておらず、テレビを見ることができた。3月12日午後3時40分過ぎ、福島第一原発1号機が水素爆発した映像が流れた。白い煙が四方に噴き出し、建物のがれきが飛び散っていた。

夫がこう呟《つぶや》いた。

「ここが病院で良かった。木造じゃないから」

森松さんには夫の言葉の意味がわからなかったが、のちにそれは鉄筋コンクリート造だから放射能を遮蔽《しゃへい》するという意味で言ったのだと理解した。

水道水が基準値超。「授乳のため飲むしか……」

郡山市で夫の勤める病院内に避難した森松さん一家4人は、院内で医局の片隅《かたすみ》にあるソファの上で過ごし、のちに、人間ドックの宿泊施設の一室を提供してもらった。当初は夫に勤務中に提供される一人分の食事を夫婦と3歳の明暁君とで食べた。生後5カ月の明愛ちゃんにはタオルを布おむつ代わりにし、ポリ袋を割いておむつカバーに代用した。震災前は、明愛ちゃんが飲むミルクと母乳の量は半々だったが、ミルクが手に入らず、森松さんは母乳を多く出すために、このとき水道水をたくさん飲んだ。

3月22日、政府は、福島県郡山市、伊達《だて》市、田村《たむら》市、南相馬《みなみそうま》市、川俣《かわまた》町の水道水から基準を超える放射性物質が検出されたと発表し、乳児の飲用を控えるよう呼びかけた。郡山市では豊田浄水場で前日の21日に放射性ヨウ素が1キログラム当たり150ベクレル検出された。WHO（世界保健機関）が飲料水水質ガイドラインで示している同10ベクレルの15倍だった。

森松さんは、水道水を飲んだ自分が明愛ちゃんに母乳を与えていることが心配になった。すでに福島県は3月20日、県全域に生乳出荷・自家消費自粛要請を出していた。牛乳がだめなのに……。不安を抑えきれず夫に「水飲まない方がいいよね」と問いかけると、「そうだね」と返された。しかし、コンビニもスーパーも閉まっている。水も粉ミルクも手に入らない。どうしようもなかった。

ママ友からショートメールで「黒い雨が降るらしいよ」という連絡がきたが、テレビでは

「『黒い雨』のチェーンメールが出回っています」と流れていた。落ち着かなければと思った。

　一方で夫は、森松さんと子どもたちに「雨にはあたらないようにね」とも言った。すでに何度か雨に当たっていた森松さんは「そういうものだったんだ。もっと早く言ってほしかった」とショックを受けた。

　雨による放射能の影響は各地で見られた。22日は東日本で雨や雪が降ったところが多く、文部科学省がちりなどとともに落ちた放射性物質を測定した結果、首都圏などを中心に増加傾向を示した。東京都新宿区で1平方メートル当たり5300ベクレルのセシウム137、3万2千ベクレルのヨウ素131を検出。前日に比べ、いずれも約10倍の濃度に上がった。

　野菜にも影響が出ていた。

　政府は21日に福島、茨城、栃木、群馬の各県に対し、ホウレンソウ、かき菜の出荷を控えるよう指示した。福島県内34市町村で採取した15種類35サンプルを調べたところ、21市町村の11種類26サンプルで放射性物質の暫定基準値を超過。政府は23日に福島県に対し、水菜やサニーレタスなどの非結球性葉菜類と、キャベツ、白菜などの結球性葉菜類、ブロッコリー、カリフラワーなどアブラナ科の花蕾《からい》類、カブの出荷を控えるよう指示を出した。

　その翌日に須賀川《すかがわ》市の農家の男性（64）が「福島の野菜はもうだめだ」などといい、自ら命を絶ったことが30日に報じられた。30年以上前から有機栽培にこだわり、震災後もキャベツの出荷に意欲をみせていたという。須賀川市は郡山市の南に隣接する。

「近くだ。あかんやん」

森松さんの不安は募《つの》ったが、それでもすぐに避難しようとは考えなかった。

避難の順番は政府が決めるものだと思っていた。政府は原発に近いところから避難させてきた。「次は郡山ですよ」という順番があるのだろうと思っていた。関西在住の親や兄、妹から電話がかかってきて、「早くこっちに避難しなよ。なんで福島にいるの」と言われた。責められているように感じた森松さんは「国が『避難しろ』って言ってない」と言い返して電話を切り、それからしばらく携帯電話の電源を切っていた。

福島から出るべきか、とても葛藤《かっとう》し、悩んでいたが、福島の現状を知らない県外の人から指摘されると、心配してくれているのだとわかっていても「メルトダウンしていないというし、危険だから逃げろと国に言われていない。郡山市は避難者を受け入れている側なのに。郡山市から逃げている人はパニックを起こしている人なんだ」と思っていたし、思うようにした。実際に、全域が避難となった川内《かわうち》村と富岡《とみおか》町の住民がともに同市の「ビッグパレットふくしま」（福島県産業交流館）に避難してきていた。両役場の機能もここに移転した。同施設には県内最多の約２５００人が避難した。郡山市にはさらに放射線量が高い地域から住民が避難してきていた。

森松さんは、冷静さを保とうと、必死だった。後になって、森松さんは自分にとって都合の悪い情報を無視したり、過小評価したりしてしまう「正常性バイアス」という言葉を知り、この時の自分はまさにこの正常性バイアスに陥っていたのでは、と思った。

月曜のたびにいなくなっていく家族

3月末か4月初旬、幼稚園教諭から森松さんに電話があり、「明暁君の入園式は4月12日です」と告げられた。その言葉に森松さんは「世の中は普通にまわっているんだ」と感じた。郡山市は4月1日に乳児による水道水の摂取制限が解除された。森松さんは病院から出て暮らしたいと思ったが、地震の日に水浸しになった元のマンションはカビだらけだった。病院に、住まいについて相談すると、「地震のひびの修繕の終わっていないマンションでもいいですか」と市内の別のマンションを紹介され、4月11日に移り住んだ。

その翌日が幼稚園の入園式だった。明暁君に半ズボンの制服を着せて園に向かった。明暁君は初めて着る制服にはりきって、はしゃいでいた。森松さんも息子の晴れの日だと嬉しく感じた。幼稚園に行くのは1カ月ぶりだった。

入園式のあと、先生方が「制服はきょうで終わりです。制服での写真をいっぱい撮ってくださいい」「明日からは長袖《ながそで》長ズボンで上着を着てくださいね」と声をかけてきた。どうしてですか、とお母さんたちが尋ねると「放射性物質が飛んでいます」「園庭遊びもさせませんので」との答えだった。

森松さんは、少しでも子どもたちをブランコやシーソーで遊ばせたいと思い、週末は2、3時間かけて山を越え、山形県や新潟県まで連れて行った。洗濯物は屋内に部屋干しをし、布団は天日干しをせずに布団乾燥機を使った。

同じマンションには親子連れが多く住んでいたが、週末になると引っ越し用のトラックがマンションに止まった。月曜日になると一家族、また一家族と去っていった。同じマンションの住民から「あの家族は秋田の親戚の家に行った」「あの家族は九州に行った」「あそこはお母さんの実家のある北海道に行った」と聞くたびに、森松さんは「ここにいていいのか」と心細い気持ちになった。

幼稚園では子ども用マスクの束《たば》が配られた。森松さんは、やはりここに留《とど》まっているのは間違いだったのではないか、と不安に思い始めた。避難の順番がまわってくると思っていたが、いっこうにまわってこない。政府は順番をまわさないつもりなんだ、と思った。逃げた方が良いのだろうか。夫に「(うちのマンションからも)どんどん引っ越していくけど、どうなの?」と聞いても、「どうなんだろうね」という返事がかえってくるだけだった。夫は無口な人だった。避難するかどうするか。決めるための情報が不足していた。

森松家のデスクトップパソコンが地震で壊れ、ネット環境が失われていた。持っていた携帯電話はガラケーでウェブ機能が無かった。

ゴールデン・ウィークが近づいてきた。森松さんは、家財道具を買いに行かなければならないと思っていたところ、夫が「1週間ほど、実家のある関西に行かない?」と提案してきた。最初は乳幼児2人を抱えてどうやって遠距離を移動するのか、新幹線で行くのは無理だと思って反対したが、夫に「放射能は体に蓄積されることが問題だから。車で送っていくから」と説得され、森松さんは、京都の森松さんの妹宅に自分と長男長女の3人で身を寄せた。

京都の妹宅のテレビで、森松さんが夕方のニュースを見ていると、福島県郡山市の小学校で除染が行われたと報じられていた。郡山市教育委員会は、市内の86小中学校に児童・生徒の屋外活動を控えるよう指示。4月27日に、市立の小中学校と保育所計28施設の校庭の表土を削る作業を始めた。市は地上1センチで毎時3・8マイクロシーベルト以上、保育所では毎時3マイクロシーベルト以上だった計28施設を対象に、独自に実施を決めた。「保護者らの要望」が理由だった。そこに映っていたのは見覚えのある郡山市の薫《かおる》小学校だった。自宅から約2キロメートルのところだ。

薫小学校では表土の除去作業が行われた。作業員約30人が散水車で水をまいた後、重機で土の表面をなでるように5センチほど削り、トラックの荷台に積み込んでいった。放射線量は地表付近で毎時3・3マイクロシーベルトから、除去後には毎時0・5マイクロシーベルトにまで下がった、と報じられていた。

自宅に近い学校が除染されている――。森松さんは、うちは除染しなければ住めない土地なんだとショックを受けた。

これは戻れない。避難先を探そう。

すぐさま、大阪市の被災者支援窓口に問い合わせ、翌日に市役所に行った。中学高校時代に住んでいた区であれば土地勘もあり子育てができると考え、同じ区で避難できるところがないか、聞いてみた。

「市交通局の職員宿舎で、取り壊す予定のものがあります。いられるのは年内かと思います」

それまでには郡山市内の除染が終わり、帰れるだろうと思い、森松さんは職員宿舎の鍵を受け取った。14階建ての「古市公舎《ふるいち》」で、1、2階は市バス営業所、3階から14階が職員宿舎だった。統廃合で2012年3月での廃止が決まっていた。部屋は事務所のすぐ上の3階。前に住んでいた避難者がテーブルや掃除機や室内灯、オーブントースターを後の人のために置いてくれていた。解体されることが決まっているだけあって、入居者はまばらだった。

明暁君は、6月1日から大阪市の幼稚園に転入した。

同様の選択をした人は多く、郡山市教委によると、全校児童800人のうち約50人が転校した小学校もあるといい、6月7日現在のまとめでは、震災を理由に県内外に転出した小学生は471人、中学生は82人、幼稚園児は213人だった（「週刊朝日」11年6月3日号、11年7月12日付「朝日新聞」から）。同市教委によると、市立小学校の児童数は11年5月の1万9482人から12年5月には1万7911人になり、1571人（8％）も急減した。

夫は福島に残り、妻と子は大阪へ避難

夏になっても状況は改善したようには見えなかった。

7月、福島県は通学路や公園などを清掃して線量の低減に取り組む町内会やPTA、ボランティア団体に、洗浄機などの購入費を50万円まで補助する事業を決めた。ただし、作業の手配は自分たちで担わないとならなかった。

のちに福島県の友人から「通学路の除染は保護者でやることになった。ボランティアで、高

圧洗浄で除染活動をする」と聞き、深刻さを感じた。除染は被曝《ひばく》を伴う。それを素人の親たちがやらないとならないとは。

郡山市内の汚染の状況も気になった。８月29日には、文科省が、福島第一原発から半径１００キロ圏内の土壌の汚染度を調べた地図を公表した。チェルノブイリ原発事故では、55万５千ベクレルを超えた地域は「強制移住」の対象となったが、調査ではこの値《あたい》を超えた場所は約８％。多くは警戒区域や計画的避難区域などに指定されている地域だが、郡山市や福島市などの一部にも超えていた場所があった。

森松さんは避難が長期化すると覚悟し、職員宿舎から大阪市内に親戚が所有していたマンションの一室に引っ越した。倉庫代わりに使われていたところで、５ＬＤＫのうち２部屋を片づけ、リビングと寝室で過ごした。

夫は郡山市の病院で仕事を続け、月に1度、夜行バスなどで会いに来た。交通費はバスでは往復２万５千円、片道11時間かかる。飛行機では往復６万円かかった。家賃の二重払いや交通費が家計への重い負担となり、森松さんは、明愛ちゃんを預ける保育園を待機しながら仕事を探した。

大阪市社会福祉協議会の事務の採用が決まり、翌２０１２年６月に働き始めることになった。しかし、保育園探しが難航した。大阪市の待機児童は４月１日時点で全国５位の６６４人。暮らしの上では母子家庭同然だったが、区保育課では「法律上の寡婦《かふ》世帯ではないので、母子家庭の優先度はない」と言われてしまった。11月には大阪府下避難者支援団体等連絡協議会主催の「避難者がつくる公聴会・in大阪」に参加した。ほかの県外避難者10人とともに発言し、「母子だけで避難しています。母子世帯と同様の生活環境です。生活再建をしようとする避難者の子どもの預け先の確保を重点的にお願いします」と訴えた。職場に理解を求め、一時保育で預けられたときだけ週に1度出勤した。この不定期の働き方のままだと年度末で職を失ってしまう、と森松さんは区役所に再度入れるようにお願いに行ったり、福祉連合会長に窮状《きゅうじょう》を訴えたりした。明愛ちゃんの通う保育園が決まったのは、仕事を始めて8カ月後の13年2月だった。

子どもたちの健康も心配だった。福島県は、原発事故当時に18歳以下だった子どもを対象に11年10月、甲状腺《こうじょうせん》検査を始めた。1回目は対象者数が約37万人で、約30万人が受けた。森松さんの子どもたちが大阪市で検査を受けられたのは13年7月だった。1カ月後に結果が届いた。明暁君は所見がない「A1」だったが、明愛ちゃんは5ミリ以下の結節が一つあるとして「A2」との判定。〈結節は現在の状態から判断して、すぐに変化するものではないと考えます〉〈のう胞や結節は時間の経過とともに少しずつ大きさや数が変わることがありますので、次回の検査も必ず受診してください〉と記されていた。

その後、3回受けたが、明愛ちゃんはいずれもA2、明暁君もA2になった。

二次検査を要するB、C判定ではないものの森松さんは、「私が（大阪に避難する前に）水道水を飲んで母乳を与えていたことが何らかの影響を及ぼしているのではないか」と恐れ続けている。あのとき、「私が背負った十字架《じゅうじか》はあまりに重い」と。

政府は乳児による水道水の摂取の暫定基準として、11年3月21日、放射性ヨウ素は「100ベクレル／kg」とした。しかし、それは通常時や事故から1年以上たったときを想定したWHOガイダンスレベルの「ヨウ素131　10ベクレル／ℓ」の10倍であるとは知らされなかった。郡山市では4月1日に乳児への水道水の摂取制限は解除された。4月4日に市内の豊田浄水場からヨウ素が16ベクレル検出されたが、それ以降は10ベクレル以下となり17日以降は検出限界値の5ベクレル未満となっている。

一般の食品などについては、厚生労働省が3月17日に急きょ暫定基準値を設けた。水や牛乳・乳製品が放射性ヨウ素1キロ当たり300ベクレル、野菜類や肉などが放射性セシウム同500ベクレルで、福島県産の牛乳、茨城県や栃木県、群馬県などの農産物からこの基準値を上回る放射性物質が検出された。これに対し、各暫定基準について、厳しすぎるとの声もあがった。玄葉光一郎《げんばこういちろう》国家戦略相が3月29日の閣僚懇談会で、「国際比較でも厳しすぎる。このままだと何も食べられなくなってしまう」と言及するなど、基準の緩和を求める声も強まった（11年3月30日付「朝日新聞」から）。

森松さんは、基準って何なんだろうと思った。少なくとも、普段の値はどれぐらいで、今は事故後の緊急時だからこうなっている、ということは丁寧に知らせてほしい、と。

森松さんは14年、成長した子どもたちに学習机も置けないのは可哀想《かわいそう》だと、明暁君の小学校入学のタイミングで同じマンションの別の部屋を購入した。親戚に借金をした。厳しい生活が続いていた。

避難者としてカウントされなかったのはなぜか？

森松さんは、公聴会や集会で避難者として支援を訴え続けてきた。郡山市からの避難だと話すと、「避難指示区域ではないのに勝手に逃げている」と冷たい目で見られることもあったが、声を出さないと存在を消されるという思いだった。

それなのに、復興庁の調査による大阪府内の避難者は２０１７年に88人と明らかに激減した数字になっていた。大阪府下避難者支援団体等連絡協議会が府内の各市町村に調査した８５４人の10分の1でしかなく、そして森松さんたちはこの８５４人にも入っていなかった。

避難者がカウントされていない問題は、なぜ起こったのか。

東日本大震災後、政府が3年5カ月の間、「避難者」の定義を定めなかったことが混乱の原因だった。

私は11年5月に内閣府と消防庁が都道府県に送った文書を取り寄せた。復興庁の発足9カ月前だ。

〈都道府県内市町村において判明した、最新の避難場所別の避難者人数をとりまとめていただき、別添エクセルファイルの様式①の黄色網掛け部分にご記入の上、（内閣府）被災者生活支援チームまで電子メールにて提出をお願いします〉とある。

そこからは場所別の記入欄だ。

〈①学校・体育館・公民館・研修施設②都道府県営住宅・市町村営住宅・公務員住宅・雇用促進住宅・UR住宅・応急仮設住宅等の公的主体が管理する住居、社宅③病院・社会福祉施設④民間賃貸住宅⑤親族・知人宅⑥旅館・ホテル〉

学校や体育館といった場所ごとの分類をして記入するようになっていた。

学校や体育館の避難所が解消され、被災者が公営住宅や借り上げの民間賃貸住宅などの住居に入るようになっていった。④の民間賃貸住宅が避難用の借り上げ住宅を指すのか、それとも避難者が自費で借りた場合も指すのかなどの記載がなく、各都道府県で判断が割れた。

12年8月、埼玉県で行われた被災者支援団体の調査によって、この問題が顕在化《けんざい》した。弁護士や大学教授、市民らでつくる「震災支援ネットワーク埼玉（SSN）」が同年6月末、県内に住む避難者に情報紙を配布するため全63市町村から避難者数を聞き取ったところ、避難者は7175人だった。

一方で、復興庁は同月7日現在で4495人と公表しており、2680人も少なかった。仮設住宅（被災県の借り上げ住宅を含む）以外の避難者が含まれていなかったのだ。この数字の乖離に対して復興庁は「当初から把握できる限りのデータでお願いをしている」（被災者支援班）と、「朝日新聞」にコメントした（12年8月24日付夕刊から）。

これに支援団体や当事者から「支援の対象から漏れないように、避難者を正確に数えるべきだ」との批判があがり、復興庁は14年8月4日、各都道府県にあらたな事務連絡を出した。

〈これまで各都道府県からご質問をいただいた際にお答えしてきたことを基に、以下のように留意事項をまとめておりますので御連絡いたします〉とし、事実上、初めて設けた定義を伝えた（23ページ参照）。

復興庁が避難者の定義を示した約3週間後の14年8月29日、埼玉県は、避難者の統計数が前月から一気に2647人増え、5639人になったと発表した。ほぼ倍の数字になった。埼玉県によると、定義には当てはまるのに漏れていた「戸別訪問などの避難者支援を受けている人や郵便物の到着状況などで市町村が把握できる人」や「自ら民間賃貸住宅を借りて避難している人」「親類・知人宅に避難している人」などが加わった。

前述の復興庁が調査した大阪府の避難者数と実際の数との乖離問題は2017年で、復興庁が避難者の定義を出してから約3年後の話だ。埼玉の前例や、復興庁の定義がありながら、どうしてまた同じ問題が起こったのか。

国に直接訴えた森松さん「復興庁　避難者消したら　復興か」

森松さんがこの事態を国に直接、訴える機会があった。大阪府内の避難者数問題が発覚してから1週間後の2017年6月7日、東京の衆議院議員会館での「第42回全国公害被害者総行動デー総決起集会」で原発事故避難者として発言する機会を得たのだ。原発事故に関わっている省庁と避難者らが交渉する場だった。

東京電力、復興庁、経済産業省、農林水産省、文部科学省、厚生労働省、環境省、福島県な

どの担当者約30人が前に並んだ。避難者数を調査している復興庁からは５人の職員が参加していた。

省庁職員に向き合う形で、全国各地から原発事故の被害者らが会場を埋めていた。男性がほとんどを占めるなか、森松さんは黒いニットとズボンという服装で、最前列中央に座った。福島の農家や住民、事業者が次々に現状と支援の必要を訴えた。

40分ほどたって、森松さんの番になった。森松さんは立ち上がり、左手に資料を、右手にマイクを握った。


私は森松明希子と申します。母子避難です。全国に避難者はたくさん散らばっています。あるものをなかったことにはさせないという世論が高まっています。

被災者、被害者の避難者の存在は、この国に確実に何万人といるのです。原発事故による被害者の存在があるのに、なかったかのように扱うのはやめていただきたい。被害者、放射能汚染を、なかったかのように加害側がするのはやめていただきたい。復興庁が出している全国避難者の数――今年の５月30日では大阪府の避難者数が88人となっています。この数字はどこから出てきたのでしょうか。過剰に少ない数です。私は88人ぐらいは知り合いの避難者がいます。原告団は２４３人です。

大阪は原発から６００キロと遠く、親戚縁者を頼って避難している人は実際に存在しています。私も何人も知っています。とるものもとりあえず親戚縁者を頼って避難したんです。それなのに、この統計での大阪府の親類知人宅への避難者はゼロです。恥ずかしくないんですか。（森友・加計問題で）文科省が、あるものを「ないない」と言って答弁しないのと、同じことが繰り広げられています。

森松さんは前に座った復興庁や福島県の職員に向かって、ときに会場全体に呼びかけるように手ぶりをまじえて語る。そして自作の川柳《せんりゅう》を読み上げた。

「復興庁　避難者消したら　復興か」――。

復興とは避難者の数を消すことなんですか。住宅提供、支援を打ち切って強制的に元のところに戻せば、（避難指示）区域を解除して戻せば、そして避難者をゼロにしたら復興なんですか。それが加害者である国や東電がすることなのですか。

森松さんの発言が終わり、福島県生活拠点課の職員が「実態はわかりました」と答えた。

森松さんは集会が終わった直後に、前に座る復興庁職員のもとに向かった。森松さんは女性の被災者支援班参事官補佐に自分の名刺を渡し、メールで返事がほしいと申し入れた。参事官補佐からの返事は、２日後の６月９日午前９時54分にきた。

森松　様

平素より大変お世話になっております。

先日の第42回全国公害被害者総行動においてお問い合わせいただきました件についてご連絡申し上げます。ご連絡が遅くなり申し訳ございません。

お問い合わせいただきました、復興庁が毎月公表している全国の避難者調査については、東日本大震災をきっかけに住居の移転を行っている方を避難者として避難先自治体からの報告を基に集計しております。

ご指摘いただきました大阪府の親族・知人宅等の避難者数に疑義がある件につきましては、大阪府に伝えております。


復興庁と大阪府職員で対応を相談した後、大阪府はこの6月9日に府内の市町村に照会を行った。支援団体の女性が「毎日新聞」に情報提供し、同紙が10日付の大阪版夕刊1面とデジタル版で記事を掲載した。

大量の集計漏れ　数百人規模、大阪府が確認怠る

復興庁が都道府県からの報告に基づいて毎月公表している東日本大震災による避難者数で、大阪府のデータに大量の集計漏れがあることが分かった。同庁は民間の賃貸住宅や親族宅などに身を寄せる人も避難者に含めるよう指示しているが、府は仮設住宅の入居者数

だけを報告していた。同庁はカウント方法を改めるよう府に要請しており、5月16日時点で88人だった府内の避難者数は数百人規模で増える可能性がある。

震災を受け、国は被災地から全国各地に移動した避難者を追跡しようと、避難先の市区町村の窓口で居場所などを登録する「全国避難者情報システム」を整備した。ただ、登録しない避難者がいる上、登録を解除せずに帰還するケースもあるため、正確な避難者数を即座に把握することはできない。そこで、復興庁は都道府県に対し、同システムの登録人数を参考にしつつ、市区町村と連携して避難者の動きをできるだけつかみ、実数に近い人数を報告するよう求めている。

府も当初、市町村に定期的に連絡し、避難者数を確認していた。しかし、次第に問い合わせを怠るようになり、昨年4月以降は、公営住宅などを仮設とみなす「みなし仮設住宅」の入居者数しか数えなくなった。

この結果、システム上の避難者数（1230人）と復興庁への報告人数（88人）に10倍以上の差が生まれた。今月になって外部から指摘があり、集計漏れが判明した。府防災企画課は「不正確な数字の公表で誤解を招き、申し訳ない。1230人の方が実態に近いと思う。できるだけ実数を把握する方法を考えたい」としている。

復興庁がまとめた避難者数を巡っては、2014年にも埼玉県で約2600人の集計漏れが発覚している。同庁は「大阪府の調査は不十分。他の都道府県と同じように、市町村に問い合わせて集計するよう改善を求めた」と説明している。

同庁によると、５月16日現在の全国の避難者数は９万６５４４人。

記事では関西学院大学の野呂雅之《のろまさゆき》教授が「生活実態を把握することが支援策を考える上で欠かせない」と指摘した。

森松さんたちが気づいた通り、統計がおかしくなったのは1年前の２０１６年だった。

森松さんは、「サボりのせいにしているけれども、わざとではないか」と憤《いきどお》った。

一人一人に寄り添う姿勢は残念ながら、どこにも感じられない。森松さんは、17年４月に今《いま》村雅弘《むらまさひろ》復興大臣が「自主避難は自己責任」と言ったことを思い起こし、悔しさを募らせた。すべての当局は避難者に対して人権に基づく保護をしなければならない、という国連の「国内避難に関する指導原則」に反していると思った。行政のデータに対する信頼を、どうやって取り戻すつもりなのか。内堀雅雄《うちぼりまさお》福島県知事、吉野正芳《よしのまさよし》復興大臣、安倍晋三《あべしんぞう》内閣総理大臣に聞いてみたかった。

森松さんが、避難者数が大幅に漏れていることを指摘しメールのやりとりをした復興庁参事官補佐は、指摘から6日後の6月13日、事務連絡「『全国の避難者等の数』の調査方法について」という文書を各都道府県の被災者支援担当あてに出していた。

私は取材で事務連絡の文書を入手した。〈市町村に調査を行わず、避難者数を報告されている例があることがわかりました。今後このようなことがないよう、「全国の避難者等の数」の集計について、避難者がいる可能性がある市町村には調査を行い、避難者数をご報告いただきますようお願いいたします〉と記されていた。再発防止を図ろうとする姿勢はみられた。

6月16日、大阪府は集計し直した人数を復興庁に報告し、報道発表した。他の都道府県と同様に各市町村に問い合わせた結果、88人としていた5月の避難者は793人だったことが判明した、とする内容だった。集計漏れの発覚を受け、府は各市町村に調査を依頼。5月16日時点で府内26市町の公営住宅や賃貸住宅に520人、親族や知人宅に270人、病院などに3人の避難者が確認され、約700人の集計漏れが判明した。府は今後、市町村に問い合わせをしてから避難者数を報告するとした。

自力避難者に向けられる「勝手に逃げているくせに」

森松さんは、この問題を講演などで訴え続けた。2017年7月4日には東京・文京《ぶんきょう》区民センターでの「さようなら原発1000万人アクション講座　住宅無償提供打ち切りから3ヵ月　自主避難者の置かれている状況」というテーマの講演があり、私は取材に行った。会場は細長い部屋で、定員210人。参加者は100人を超えていた。

森松さんが演台に立ち、マイクを握った。丸顔で柔らかい見た目の印象と裏腹に、話し出すと芯のある主張を高い声でまくし立てるように話す。

避難者数がゼロになったら復興なのでしょうか。もう〝想定外〟は許されません。あるものをなかったことにさせない――私たちは存在しているんです。

今村復興大臣は、「ふるさとをすてることは簡単」と言いました。「自主避難」という言葉が問題です。自主避難ではなく、「自力避難」です。（避難指示）区域外避難という言葉が浸透しないいんです。何の保護も与えられないので、私たちは「自力避難」と言っています。命や健康ほど大切にされなければならないものはありません。避難の権利を与えてほしい。

森松さんの主張を受け、男性のフリー記者が質問した。

「分断の問題があります。福島に住んでいるお母さんは、避難者の言葉に『自分が否定されたように感じる』と言う人もいます」

私もよく言われることだった。ネット上では、避難指示区域からの避難者には「賠償金をもらっている」「ただで住んでいる」という中傷が、避難指示区域ではないところからの避難者には「勝手に逃げているくせに」「放射脳」との匿名《とくめい》の中傷が寄せられた。

私が郡山市を離れた避難者の話を記事にし、それがネットにも配信されると、必ずと言っていいほど誹謗《ひぼう》中傷の書き込みがある。郡山市は放射線量が比較的高い地域として、子ども・被災者支援法で、政府が避難した人を支援する「支援対象地域」に定められ、市が4千人近く（21年2月）が避難していると推計しているにもかかわらず、避難している人への風当たりは強い。

男性記者の質問に、森松さんは、少し怒ったように見えた。

「じゃあ、私が黙ることが良いことなのですか。在住者の方には、『在住者の方は何をしてもらいたいか』ということではないでしょうか。私はもし郡山市に残っていれば『(放射線量の低い地域で）保養させてくれ』と言うと思います。放射性物質は色もついてない。目にも見えないんです。一番線量が高かったとき、私は避難しようと思いませんでした。私はたまたま条件が合《あ》って決断できたんです。私は『黙って』と言われてもできません。なぜなら避難している人たちの正当性だけを求めているわけではないんです。『被ばく』を避ける権利はあるでしょう。私は広島・長崎被爆二世がどうして訴え続けてきてくれたか、今わかります。『被ばく』を避ける権利があるんです。大多数の人が甘んじていたとしても。『福島から出れば非国民。何も言わないで』って言われて黙ったら、戦時中と同じだと思います」

拍手が起こった。森松さんの意志の強さを感じた。

避難者に対する批判、差別の中で、顔を出して発言し続ける人は減ってきている。けれど、発言しないとなかったことにされてしまう。

被災者たちの分断

避難し、住宅提供打ち切りで福島市に戻らざるを得なかった40代の女性を取材したことがある。「自分の住んでいるところは誰もが素敵なところだと思いたい。だから自分の住む地域から避難している人を否定したくなる。私は避難者の気持ちも、福島県に住んでいる人の気持ちも両方わかります」と話していた。

避難者は、福島の避難元に住み続けている人をメディアなどで目にすると、自分の避難が否定されているように感じ、避難せずに住んでいる人は、避難者は避難しない自分を否定しているように感じる、と互いの人たちから聞いてきた。

国策が原因で起きた事故。被災で奪われた生活を少しでもよくするために、被災者が訴えるべき相手は政府だ。相手を見誤ってはならない。私は、両者の気持ちを少しでもつなぐ役割ができればいいと思いながら、取材を続けている。

被災者どうしが憎《にく》み合うのは、離ればなれになった被災者が互いのつらさに気づきにくくなっていることが一因だと思うからだ。

それぞれの立場から被害の実相を伝えることで、誰のために、何のためにこの苦しみがあるのか、と振り返って頂けるきっかけになればと願っている。

賠償や立場の違いによる被害者の分断は、水俣病などでも起こった問題だ。

東京などに暮らす避難者らでつくる団体「むさしのスマイル」は年３回、避難者と、福島に住んでいる人たちの交流会を続けている。私は２０１８年12月から21年３月までに４度、参加した。30人ほどが参加した。

福島県内の温泉旅館で、それぞれが語り合う。

避難者たちは、避難先の居住地で「知り合いがいなくて孤独です」「住宅提供が打ち切られ、生活が苦しい」と語り、福島県内に住んでいる人は「子どもたちの健康が心配」「食べ物に気を使っている」などと言う。

福島市の20代の女性は「（県内は）仕事が最低賃金のものしか見つからない」と現状を話し

た。

4回とも、午前2時前後まで話は尽きなかった。

参加した福島市の40代の男性は「避難者って『福島から出て行った人たちだ』と思っていたけれども、苦労しているんだなとわかりました」と柔らかい表情で私に話していた。

分断は福島だけではなく、「原発事故被害者」という点では本来同じ側にいるはずの私たちにも起きている。首都圏の人たちからは「福島の人たちは原発のお金でいい思いをしていた」「賠償金をもらっている」という声が多く聞かれた。しかし、福島第一原発は首都圏で使う電気を作っていた。いがみ合い、妬《ねた》み合うのではなく、被曝に怯《おび》えなくていい社会にするにはどうしたらいいのか、一緒に考えたほうがよりよい未来につながる。

知ること、伝えること、考えること――。言葉には、人々をつなげる力があると、私は思っている。

2017年7月の東京・文京区での集会の1週間後、支援団体や当事者団体が統計の誤りの原因究明を求める要望書を大阪府知事あてに提出。同月中に府と支援団体らが話す会合が2度行われ、森松さんも参加した。府は理由を「担当者間で引き継ぎがしっかりとされていなかったことや、事務処理ミスが重なったことが原因と考えています」と説明した。

森松さんや避難者、支援団体は、11月にも大阪府との会合をもち「府が再集計した2017年4月の避難者数809人と、全国避難者情報システムに登録している1230人とはまだ乖離が大きいので、もっと精査してほしい」と求めた。

森松さんは一連の出来事を逐一《ちくいち》、フェイスブックで報告した。コメント欄には応援メッセージが寄せられた。

〈全国に波及して避難者の正確な実態把握と支援継続をお願いしていかなきゃね。消されちゃうから〉

埼玉県川越《かわごえ》市に避難する鈴木《すずき》直子《なおこ》さん（47）からのメッセージだった。新たに避難者数が数えられていない問題が起こり、彼女はその解消に取り組んでいた。

森松さんの行動が避難者たちを勇気づけていた。

大阪の問題は終わったかに見えた。しかし集会から7カ月後、森松さんはまた驚き、憤った。翌２０１８年2月7日、森松さんは、関西ローカルＴＶの記者の自宅取材を受けていた。この記者が告げた。

「森松さんと子どもたちは、今も避難者に入っていませんよ。大阪市に尋ねたところ、今の市内の避難者は47世帯97人で、住宅提供を受けている人のみ、とのことでした」

森松さんは「まさか。これだけ自ら大阪府に直接訴えに行ったりしてきたのに」と驚き、仕事で平日の休みが取れた2月21日に大阪市危機管理室に電話した。

「私は、復興庁が毎月発表している避難者数に含まれていますか？」

「住宅入居で把握している分と、避難者情報システムで把握している分があります」

森松さんは、はぐらかされたと感じた。

「私は、ちゃんと情報システムに母子3人分の登録をきちんとしていて、避難の意思も明確に示しています。復興庁の数に私たち母子3人は含まれているのか、それとも計上されていないのですか。どういう人を避難者と数えているんですか」

「借り上げ住宅に入っている人を数えています」

この数え方だと、森松さん親子は最初の大阪市交通局の職員宿舎を出た時点で、避難者から外されている。

「今すぐ私たち3人だけでも計上してもらうことはできないのでしょうか？」

森松さんの問いに、今度は職員はこう答えた。

「数えた人と数えない人が発生するので正確な数字が出せません」

「今すぐ計上してください」

「他の人も含めて漏れなく計上する方法を考えています」

「いつになりますか？」

「わかりません、なるべく早い段階で」

森松さんは、まさに、私たちは難民みたいだな、と思った。

その1週間後の2月28日、「全国避難者情報システム」で登録した際と同じ申し込み書面が森松さんの避難先マンションに送られてきた。再び書いて提出してくださいという文章が添えられていた。

森松さんはフェイスブックに書き込んだ。

「復興庁　避難者消したら　復興か」

もとい、「復興庁　早く私を　数えてよ…」

実際にこの国に原発事故の影響で避難をした人は何人いるのでしょう。

だれも把握していませんし、把握しようともしません。

それでいいのか？と思うのです。

どうやって3・11、原発事故を教訓にできるというのでしょう…

（中略）

本気で「消される」って日々思うつらさは、一体誰に分かってもらえるのだろうかと思いながら今日も明日も「事実」だけを見続け、伝え続けるのみかもしれません…

ジュネーブでの国連人権理事会でマイクを握った森松さん

この半月後、森松さんには大仕事が待っていた。2018年3月、スイス・ジュネーブでの国連人権理事会でスピーチを頼まれたのだ。国際環境NGOグリーンピースからの依頼だった。日本政府の原発事故被害者への施策が立ち遅れていると国際的な批判が強まっている。国連人権理事会では、ドイツなど4カ国が日本に対し、避難民の権利の保護について述べた「国内避難に関する指導原則」の適用や自主的な避難者への住宅支援の継続などを勧告している。

本会議場「Room XX」では、ミケル・バルセロの名高い天井画の下、ほぼ放射状に席が配置された議場――カーブされた机の最後尾の発言者席に、森松さんは黒いジャケットを身に着けて座り、英語の原稿をゆっくりと読み上げた。

「私たちには、情報は知らされず、無用な被曝を重ねました。空気、水、土壌がひどく汚染されるなか、私は、汚染した水を飲むしかなく、赤ん坊に母乳を与えてしまいました」「日本政府は、国連人権理事会での勧告を、ただちに、完全に受け入れ、実施をしてください」

演説は、日本でも各報道機関で報じられた。

政府は17年3月末から避難指示区域外などからの避難者への住宅提供を打ち切り、避難者たちが生活困難に陥っている。そしていま、避難者という自分の存在が統計から知らず消されてしまっている。森松さん自身が、いまだ避難者から消され続けている。訴えて1年近くになろうとするのに直らない。「自分たち避難者の存在を国際的に認めてほしい」という思いを込めて大きな声で、ゆっくりとスピーチしたと私に語った。

国連人権理事会で被害を訴えた森松明希子さん＝2018年３月　写真：国際環境ＮＧＯグリーンピース・ジャパンの公開動画より

翌月になっても数が修正されず、森松さんは、18年4月19日に国会議員会館で行われた集会で復興庁被災者支援班の女性の参事官補佐に再会し、直接訴えて25日にメールを送った。

〈避難者情報システムにも登録し、避難を続ける意思を明示し続けていますが、私たち母子はいまだに避難者数にカウントされていません（２０１８年２月に大阪市に確認済み）。

また、改善を求めても、すぐにカウントしてもらえません。結果、昨年来、復興庁の方にお目にかかって現状を訴え続けるも、復興庁の公表される大阪府の避難者数に私たちは計上されていません。

避難者数に計上してもらえない理由を教えてください。

復興庁発表の避難者数から再三カウント漏れする原因を教えてください。復興庁発表の避難者数に反映してもらえるのはいつ頃になるでしょうか〉

翌日夕方、参事官補佐から返信がきた。26日午後5時39分だった。

〈復興庁が毎月公表している全国の避難者数については、東日本大震災をきっかけに住居の移転を行い、その後、前の住居に戻る意思のある方を避難者として、各都道府県に把握を依頼し、避難先都道府県から報告していただいたデータを基に集計しています。避難者には、避難指示区域外からの避難者も含みます。

ご指摘の大阪市については、改めて避難者数について調査を実施し、精査を行ったと伺《うかが》っており、4月に復興庁から公表する避難者数に、反映します。

復興庁は、昨年、都道府県に対し、市町村と連携して避難者数を把握いただくよう注意喚起を行いました。避難者数の把握は重要であり、今後も、都道府県と連携しながら、正確性を期していきたいと考えています〉

「こうやって避難者は消されていくんだ」

その言葉通りになった。

大阪市内の避難者は94人（18年3月時点）だったところ、4月分は183人と倍増した。ようやく森松さんたち母子3人が4月分の統計から反映された。

森松さんは、数を直すのに1年もかかったことに「こうやって避難者は消されていくんだ」と恐ろしさを感じた。避難者が減れば、政府が助けなければならない人も減ったことになり、復興が進んだように見える。いったい、どれぐらいの人が消されているのだろう、と。

大阪市は、原因について「確実につかめる数」として、市営住宅の人数のみを府に回答していたと説明した。当時の「朝日新聞」記事によると、システムで市内在住となっている139世帯286人に郵送で問い合わせ、数えていなかった18世帯51人から返信があった。返信はないものの送付できた24世帯41人も合わせて避難者とみなし、4月の報告に反映させた、とのことだった。記事には、市と森松さんのコメントが載った。

市危機管理室の担当者は「より正確な調査ができていなかった。全国避難者情報システムは個人情報を含むので、（参照するための）調整に時間がかかった」。

森松さんは「数字だけの問題でなく、避難の事実が消されるような気がする。まずは実態をきちんと把握し、必要な制度や施策に生かしてほしい」と指摘した。

森松さんが避難者に記録され、1年近い戦いがようやく終わった。

森松さんたちが交渉した大阪府と大阪市のケースは、2014年に復興庁が示した「避難者」の定義が、16年の「担当者の引き継ぎ不足」（大阪府）により、いかされていなかったケースだ。

このほか、復興庁の留意事項に反して、各市町村が独自に住民票を移した人を除外したケースや、住宅提供打ち切りと同時に避難者から外したケースがあった。

いわき市から埼玉県川越市に家族4人で避難している前述の鈴木直子さんも、避難者に入っていなかったという。

鈴木さんは、16年夏ごろ、郡山市から川越市に避難した若い母親から「保育園に入るときに（避難先に）住民票を移したら、市から支援団体の情報誌が届かなくなった」と言われて、驚いた。川越市に問い合わせたところ、同市は住民票を移した人を避難者から除いていた。

復興庁が各都道府県に送った文書では〈住民票を移したことのみを以《もっ》て避難終了とは整理しないものとします〉と記されている。鈴木さんは「定義と違います」と、避難者らでつくる市民団体で同市に訴え、市が精査した結果、17年夏に市内の避難者は現在市が報告している約80人に加え、住民票を移して避難者から外れていた人が81人いるとする書類を市から渡された。

鈴木さんは17年10月に市から示された子どもの避難者数一覧で、いわき市からの避難者がゼロになっていたのを見て、住民票を移していないのに自分自身と家族も避難者から除かれていたことに気づいた。すぐに市に指摘し、避難者にカウントするという回答を得た。鈴木さんはこれで避難者数は大幅に訂正されると思い、ほっとした。

「いわきにいたときは、お上にたてつくなんて頭がおかしいんじゃないの、という文化だった。自分で声を出さないと、と思った」

鈴木さんから話を聞いていた私は、20年11月、川越市にこの件について問い合わせたところ「住民票を移した人は避難者から外したままです」という回答だった。理由や、今後改善しないのかを聞いてもはっきりしない。さらに21年2月に埼玉県に尋ねた。県災害対策課は「県では、毎月各市町村に『住民票を移したことをもって避難終了とはみなさないので、その際はご本人に意思の確認を行ってください』と通知しています」と取材に回答した。

鈴木さんは「避難者数は3年前に直ったと思っていたので驚いた。引き続き言い続けていかないと、自分たちの存在も消されてしまうということがわかった」と話していた。

自分たちを復興庁の定義通りに避難者と認めてほしい、という当然の願いに、なぜ被災者らが何度も苦労を強《し》いられるのだろうか。

復興庁によると、ほかに２０１５年2月に神奈川県で「親族・知人宅等」への避難者の報告漏れが判明して前月から２１３８人増え４１７４人と倍以上になったケース、茨城県でも19年に一部市町村で住民票を移したことで避難者数から除外されていたというケースもあった。また17年9月には、沖縄県や石川県が住宅提供を打ち切られた避難者をカウントから除外していた、と「共同通信」が報じた。

新潟県小千谷《おぢや》市では、20年7月末時点の避難者数が前月の16人から突如ゼロとなった。避難者が支援団体や避難者仲間に相談し、長谷川有理《はせがわあり》市議が避難者から実態を聞き取った。避難者は、市から電話がかかってきて「避難者の登録を外すことになったので。（それで）よかったですよね」と一方的に伝えられ避難者数から外されたといい、「見捨てられたのか、邪魔者だったのかと思った」と語った。長谷川市議が12月に議会で質問したことを受けて市が訪問調査をしたところ、7人が避難者として登録したいという意向を示し、21年1月から数が直った。

市は私の取材に、「電話で昨年7月に意向を確認したところ、全員が避難者登録を希望しなかったのでゼロとした。説明不足があったのかもしれない」と話した。これは当事者、支援団体、市議らの訴えで、避難者数の是正に結びついた事例だ。

しかし、避難者が最も多い県が、避難者数が実態と違うと指摘され続けている。

——それは、当の福島県だ。

福島県と市町村で異なる「避難者の数え方」

福島県は当初から災害救助法に基づき住宅を提供した人を基本に数えてきた。自力で住宅を確保した人、長期避難者のために県が建てた復興公営住宅に入居した人、住宅提供を打ち切られた人などは入っていない。市町村が公表している避難者の数を私が集計すると、福島県内の避難者は、県が発表する統計7590人よりも3万5千人多かった（2020年6〜8月時点）。顕著なのは全町避難の双葉《ふたば》町で、全員が避難しているのに、県発表の県内避難者の数字は552人。双葉町が発表する県内避難者数は4026人（同年6月30日現在）。7・3倍の開きがある。

日経新聞、地元紙、読売新聞、朝日新聞、NHKなど各メディアが〈市町村の把握する数字は県発表の6倍〉（19年3月16日付「日本経済新聞」）、〈避難者数　実相を示しているか〉（19年5月22日付「福島民報」社説）などと指摘したが、20年11月現在でもこの数字は見直されていない。

市町村の把握する福島県内の避難者数が県の調査の6倍におよぶのは問題ではないか。そもそも福島県の避難者の定義が復興庁の定義と異なり、県が基本的に住宅を提供した人しか避難者として数えないという状態もおかしい。

私はそう思い、福島県に尋ねてみようと電話をかけた。

被災者支援課、災害対策課とたらい回しにされながら、ようやく担当者の男性職員と電話がつながった。

――福島県ではどういう方を避難者と数えているか、確認させてください。

「県は応急仮設住宅、公務員住宅と、市町村にお聞きした親戚・知人宅の避難者を足してやっています。復興庁（の職員）としゃべると強い関心は寄せられるけれども『それは県さんの判断だから』と突き放される。私が担当する前も、（国と県で）あまり調整した跡がないいんじゃないかなと思います。うちの方で県内を数えるに当たって復興庁さんにちょっかいかけられた（＝指導された）、ということがほとんどなくてですね、去年の4月か5月に県内避難者が大きく増えたことがあって」

――南相馬ですね？

「はい」

この件は「福島民報」が2019年5月11日付で〈県内の避難者1万1321人に増加　4月26日現在〉と報じ、「共同通信」が同月31日に〈震災避難者、再び5万人超　福島県の精査で判明〉と報じた。

復興庁は全国の避難者数を、同年4月9日時点で5万人を下回る約4万8千人になったと発表していたが、5月14日時点で5万1184人だったとのことだった。復興庁は〈福島県から、県内の避難者数について精査した結果前月比約4千人増となったとの報告がありました〉とホームページで説明した。南相馬市が、これまで居所が「不明」だった親族や知人宅などへの避難者数を2730人と集計したことが一気に数を押し上げた。

県職員が言っているのはこの件だ。そして県職員は続けた。

「各市町村に、親戚・知人宅の避難者数を精査するように依頼したところ、数が増えたのです。それで県のホームページに2019年5月10日に被害情報即報を公表したところ、復興庁から電話がきて『なんで増えるんですか』と怒られ、相当ご指導は受けたんです。どうしてなの？って。大臣さんが我々の説明に納得いかなかったみたいで。だけど、『数え方はこういう風にやるべきだから、こういう風にしろ』というご指導は受けませんでした」

——いつから今の数え方だったんですか。

「過去にどう数えてきたか見てみると、相当に苦労して把握しようとしている節《ふし》があるんです。まずは1次避難所（体育館など）があるときはその数を数えていたようなんですけど、その数も避難指示区域からの避難者とそれ以外に分けようとしていたり……分けきれていないんだけれども。途中から今のやり方とそれまでのやり方、今のやり方を参考値であげておいて二つ並べてみたり。避難所が解消されてから今のやり方で避難者数を公表したり、という話になっていて……。県内のことには復興庁さんがあまり干渉しようとしてこない。逆に県をまたぐと複数の県が関わるので、なおかつ原発事故という国の責任が大きい部分があるので、彼らは積極的に関わっている、と理解していました。県内・県外の数え方、違うんじゃないかと言われると違って見えるのはその通りだと思います」

——福島県内の各市町村と県の数え方が違います。福島県議会でも指摘されています。

2019年6月21日の福島県議会で行われた6月定例会の代表質問で、共産党の阿部裕美子《あべゆみこ》議員が「市町村が把握している避難者数と県が取りまとめている避難者数に違いがありますが、その理由を尋ねます」と質問し、県危機管理部長が「県の被害状況即報においては災害救助法の考え方を踏まえ、県内避難者について、自宅を再建された方や復興公営住宅等に入居された方を除き、応急的に提供した仮設住宅や借り上げ住宅へ入居されている方や親戚・知人宅等へ避難された方を取りまとめております。一方、市町村においては、避難先において再建した自宅等にお住まいの方も含め、避難者として市町村へ届け出られた方などを集計しているとお聞きしております」と答弁していた。

この質疑では復興庁の定義について、まったく触れられなかった。

県議会のやりとりを伝えると、福島県の男性職員は電話口で苦笑しながら言った。

「誰がどのように数えるかが県庁内で決着していない。私、しゃべりすぎかもしれませんが。『緊急・応急的な住まいを提供していく、あとは自立していただく』という立て付けが災害救助法なので、応急的に住宅が必要な方を数えるというのはひとつの自然なやり方だと思います。一方で、市町村では、3・11までに住民基本台帳に登録していた方で戻ってきた住民を把握しているので、その（人口の）差を、『事故のせいでいなくなっちゃったべ』『これから少子化進んでどんどん人がいなくなっていくのに、なんてことしてくれるんだ』というところ（理由）で公表されている部分はあって、それはそれで原発事故の大きさを物語るうえでは適切な数字だと思うので、考え方に違いはあっても、それぞれに意味はあると説明させていただいていました」

この職員は悪い人ではないのだろうと思う。しかし、全国の統一基準ではない独自ルールで県が取りまとめていることに違和感はないのだろうか。

――復興庁が定義を2014年8月に作ったうえで、数字を集めています。

「県外（避難者）はそうだと思います。直接彼らが数えるのは県外（避難者）なので。彼らの定義ですよね。この復興庁の留意事項がどう効力持つのかわからないけれども、一つの公文書だと思う。それに基づいてやっていると思います。一方で災害対策、防災対策は自治体がやる話なので、避難をされている方をどう数えるか、把握しているかは自治体それぞれになるので。できるだけあの考え方に沿うようにやっていますけれども、実態として数えられる、手に触《ふ》れて数えられるものを数えてああいう風にやっていると理解しています」

住宅提供をしている数は県が把握している。それに、県が各市町村に聞いた親戚・知人宅等を足しているとのことだった。

――ほかの県は、市町村にそれぞれの全避難者数の照会をかけ、足し算しています。

「聞くときの考え方はどうなってるんですか」

――復興庁の定義を渡して、この通りと。浸透していないところもあって数がちょくちょく訂正されています。

「そうなんですね。災害の話になると、（東日本大震災を）専用でやっているわけじゃないので、なかなか手間のかけ方で差がでてきてしまうのかなと思います」

福島県の避難者として集計する対象は「仮設住宅や借り上げ住宅への入居者や親戚・知人宅等へ避難した住民」のみで、「避難先で住宅を自力で借りたり購入したりした住民や復興公営住宅等に入居した住民」は外されている。住宅提供を打ち切られると避難者から外される。

一方で複数の避難元の市町村は、集計に避難先で住まいを自力確保したり復興公営住宅に暮らす住民を含むと答えた。こうして生まれる避難者数の乖離について、国はどう解消しようと考えているのか。

福島県に情報公開請求

私は同時に、福島県職員に聞いた質問を復興庁にも問い合わせた。

復興庁からの回答はこうだった。

「福島県の県内避難者数については、発災当時、多くの方が仮設住宅に入居され避難生活を送られてきたことから、応急仮設住宅の入居者等を集計しています。復興庁も多くの被災者がいる被災県においては、津波、地震避難者を含め、どこまでを避難者として捉えるかは、各県の状況を踏まえる必要があると考えています」

福島県の数え方を認めているという答えだった。

多くの被災者がいるという状況が、数えない理由になるだろうか。ほかの都道府県のように、各市町村に照会をかけて足す方法にしたほうがより正確な数字に近づくのではないだろうか。

2020年9月9日、福島県に、復興庁とどのような交渉をしてきたのか、情報公開請求をした。

〈福島県がどの状況で暮らす住民を県内避難者として対象に数えるかについて、復興庁とやりとりしたいっさい。２０１４年８月４日の復興庁の留意事項を示した文書や、２０１７年６月13日の復興庁の事務連絡「『全国の避難者等の数』の調査方法について」に関するやりとり、２０１９年５月14日時点の避難者数増加についてのやりとりを含む（メール、電話などの記録を含む）〉

開示決定は、県が本来の期限である「15日以内」を１カ月延長したうえで、10月23日付で決定通知書が出され、11月２日付で開示された。

内容はたった２枚。復興庁からのメールと、それに対する県の回答のみだった。

メールは19年５月10日の日付で件名は「避難者数増に関する対応について」。復興庁の参事官補佐から福島県災害対策課に送信されたものだった。〈先程、口頭でお願いしました件ですが、念のため、メールでもお送りします〉〈（定例の）復興大臣会見で４千人増となったことについて問われる可能性があるため、貴県の対外的な説明ぶりがわかる資料をお送りいただけますか〉とあった。担当の男性職員が復興庁から南相馬市などの避難者増について「なんで増えるんですか」と電話で言われたというのはこの件だ。

自治体が避難者数の集計を精査した結果、統計数値が増えることについて、復興庁が相当構えていることが窺《うかが》える。

２枚のうちもう１枚は、福島県からの回答だった。

〈数字を精査したきっかけは、17年３月から１年半、市町村から報告される「親戚・知人宅等」がまったく変わらないことがあったため、各市町村に改めて精査を依頼した。南相馬市の

ほか、楢葉《ならは》町で664人、飯舘《いいたて》村で580人、川内《かわうち》村で486人など9市町村で4717人が増加した〉

なぜ増加したかという問いに対しては〈市町村において復旧復興が一定の進捗《しんちょく》をする中、避難者のきめ細かな把握が可能になったためと受け止めている〉と回答している。

帰還率5・4%の浪江町

福島県浪江《なみえ》町の今野寿美雄《こんのすみお》さん（56）は、政府と福島県に避難者と数えられていない一人だ。

原発事故で浪江町は全町民に避難指示が出た。2015年10月に福島市で4階建ての県営復興公営住宅が完成し、親子3人で一室に入居した。入居前に、入ればもう県から避難者として数えられなくなると聞いて、驚いた。復興公営住宅は原発事故による長期避難者のために県が建てた住宅だ。県職員にも「おかしいんじゃないか。避難者として数えてほしい」と訴え続けているが、そのままだ。

浪江町から避難している今野寿美雄さん。かつて働いていた福島第一原発が自宅から見えるのが自慢だった＝2020年7月13日

浪江町は17年3月末に避難指示が解除されたものの、帰還率は5・4％（21年1月末現在）と、わずかだ。避難者が帰還しない理由は、町などの19年10月の調査では「すでに生活基盤ができているから」が最多で48・7％、「医療環境に不安があるから」（44・1％）と続く。町内には1病院、13診療所があったが、今は町立の1診療所のみだ。

浪江町は帰還困難区域の人も含めて20年3月に住宅提供が打ち切られた。復興公営住宅だけではなく、多くの人が政府（復興庁）の公表する避難者から外れた。

浪江町が町外への県内避難者として把握しているのは21年1月末時点で1万2937人。一方で県が浪江町からの県内避難者として発表しているのは326人。40分の1だ。復興庁は、自ら定義した「避難者」を数えていない福島県の集計結果を公表し、「避難者は減った」と復興の証《あかし》として使っている。

「数値のごまかし、そうやって、避難民はいなくなっているんだ」

今野さんは憤りをこめて私につぶやいた。

２０２０年10月28日、森松さんが、内閣府で質問する機会があった。公害の被害を訴える公害総行動だ。原発事故避難者や水俣病の支援者、弁護士ら約20人が参加した。26日に菅義偉《すがよしひで》総理が所信表明演説で「安全最優先で原子力政策を進める」と打ち出した直後だった。

森松さんはマイクを持ち、内閣府の参事官と参事官補佐２人に訴えた。

「被害の実相、全容を把握しているのですか。避難者の人数の問題もあります。私もカウントもされてこなかった」「なおかつ原発を進めたいというのは、国民の合意がとれているのですか。避難者の実態も把握されていない。被害の実相、全容、そこからスタートしたうえでのエネルギー政策を考えてほしい」

その後、復興庁参事官補佐と内閣府原子力被災者生活支援チームの主査にも訴えた。

「被害を矮小化《わいしょう》している。避難者の数字も何度も変わってきた。住宅支援している人たちだけを避難者と数えるのはやめてほしい」

国側は生活支援チームの主査が回答した。

「復興庁では自主避難も含めて避難者というふうにカウントしています。正確に把握されているのかというご意見がありましたので、しっかり承って検討して参りたい」

公《おおやけ》の場での回答だ。少しは前に進むだろうかと願いながら、私は会合が終わった後に復興庁参事官補佐に尋ねた。

——避難者数、実数と復興庁の発表数が相当離れていますよ。福島県の市町村が公表している避難者数を足すと、現在国が公表している避難者数「４万人」の倍近くの７万人になりますよ。

「そうですね。２０２１年3月で10年になるのにあわせて検討できればと思っています」

復興庁は見直しをはじめるが対象は福島県外避難者という。すでに統計から消された人たちが取りこぼされないよう、取材を続けていこうと思った。

第2章

少年は死を選んだ

――国が原発再稼働を進めるたびに、原発事故で避難した人たちは胸をかきむしられる。「何で自分たちの苦労がありながらまた再稼働するんだ。自分たちが生きてきたことが否定される思いがする。とってもつらい」と。

（精神科医・蟻塚亮二氏）

「6日間、何も食べられてなくて」

2020年11月6日、私は福島県南相馬市《みなみそうま》の庄司範英《しょうじのりひで》さん（56）のもとを訪ねた。5回目の訪問だった。レンタカーで平屋の家に近づいていくと、外から寝室のカーテンが半分落ち、垂れ下がっているのが見えた。これまでになかったことだ。

最近、私が電話をすると「薬が18種類出てるんです。何錠、飲んだかわからず飲み過ぎているみたいなんです」と小さい、かすれた声で訴えていた。

――庄司さん、青木です。

声をかけると、か細く「どうぞ」という声が奥から聞こえた。

急いで部屋の中に入ると、床がべたべたする。きれいに片付いていた部屋は、書類やら物やら積み重なっていて、歩きづらかった。居間に姿はない。右奥の寝室のドアが開いていて、座椅子《ざいす》に体を横たえている庄司さんの姿が見えた。いつも着ている青いトレーナー姿だった。

――大丈夫ですか。

庄司さんは、薄く目をあけた。

「はい……。6日間、何も食べられてなくて」

食べても吐いてしまう、と北海道の高齢者施設に入所している母親の淑子《としこ》さん（81）から聞いていた。

庄司さんのトレーナーはお腹《なか》の辺りがぶかぶかに見えた。だいぶやせ細っている。座椅子の横の机の上には透明のジョッキグラスがあった。焼酎の水割りのようだった。

――とにかく水を飲んでください。

「家で転んで胸をぶつけたんですよ。それから胸が痛いんです」

――呼吸するたびに痛いですか。

「はい」

骨にひびが入っているということだろうか。

――病院に行きますか。

「人に迷惑をかけたくないんです。それぐらいだったら死んだほうがいいです」

庄司さんは身じろぎもしなかった。

――お線香を、あげさせてください。

隣の部屋に行くと仏壇の中央には、金ボタンの黒い学生服姿の少年の写真があった。目が細く、精悍《せいかん》な、大人になろうとする顔立ちで真顔ですましている。ほおもすらっとしていた。傍《かたわ》らにお菓子が供えてあった。

庄司さんの長男、黎央《れお》君だった。

庄司さんは、新潟県に子ども4人を連れて避難した。

黎央君は、2017年6月に避難先で亡くなった。14歳だった。震災関連死と認められた。

庄司さんを苦しめているのは長男を失った重みだった。

遺影は、亡くなる2カ月前に撮った、最後の家族写真からとったものだという。

正座をしてお鈴《りん》を鳴らす。

両手を合わせて、お線香をあげて、黎央君に、「どうぞ安らかに、庄司さんをお守りください」とお願いする。独り暮らしとなった庄司さんを支えるものは、あまりに少ない。

——クリニックに行きましたか？　いかがでした？

「はい、あの……」

庄司さんの首ががくっと右側に倒れて、声がとぎれた。

え……。

——庄司さん、庄司さん！

声をかけると、少し目を開けた。ほっとした。

——無理して動かないでくださいね。痛いときは119番ですよ。

もっとそばにいたかったが、もう出なければならなかった。庄司さんが気になって取材と取材の間に駆けつけたものの、2週間前から約束していた次の取材に遅れてしまう時間になっていた。玄関に行きかけたとき、「青木さん」と声がかかった。

痛いだろうに、庄司さんは私の方に体と首を向けていた。

——はい。

中学校の制服を着た、14歳の庄司黎央君＝2017年4月　写真：庄司さん提供

「青木さん、なんでそんなに優しくしてくれるんですか」

言葉に詰まった。

——当たり前ですよ。庄司さんは深いダメージを受けているんです。とにかく痛みがひどくなったら１１９番ですよ。またいつでも電話ください。

と告げ、後ろ髪を引かれる思いで家をあとにした。

母親の淑子さんに電話をかけ、状況を説明すると、淑子さんは嘆《なげ》いた。

「どうしてこんなになったのかね。こんなんじゃなかったのに。震災の前には野球が好きで、野球チームの監督もやってた。みんな避難でばらばらになって。誰もいないもんね……」

待望の長男に名づけた「黎央」

庄司範英さんは、南相馬市で生まれ育った。太平洋に面している南相馬市は、海から吹く「やませ」の影響で夏は比較的涼しく、冬は雪が少ない。穏やかな気候が特徴だ。毎年夏には、甲冑《かっちゅう》姿で行う競馬や神旗《しんき》争奪戦などの神事から成る相馬野馬追《のまおい》が行われる地としても知られる。

庄司さんは、25歳のとき、母の知人の焼き肉店でマネージャーを務めていた。このとき、アルバイトで働いていた女子高校生と出会った。８歳年下の17歳。彼女は卒業後に埼玉県の専門学校を経て看護師となり、地元に戻ってきた。２人は知り合ってから9年後に結婚。１９９９年に市内の建て売り住宅を購入して、新婚生活を始めた。南相馬市中心街から３・５キロほどの、田んぼや畑が広がるのどかな地域だった。半年後に長女が、3年後に長男が生まれた。

庄司さんは長男が生まれたことに「男の子だから、おれのジュニアだな」と思い、喜んだ。

「この子、おれが名前つけるから」

妻にそう言って、名前を考えた。名前のつけかたの本を数冊読んで黎明即起《れいめいそっき》（夜が白々と明けてきたらまどろまずに寝床から出て行動を開始すること）という中国の言葉をみつけ、縁起が良いと思い、「黎」の字をつけようと思った。将来は海外で活躍してくれる子になってほしいとも考えた。また別の本には「レオ、レオンが海外の人が読みやすい名前」と書いてあったことから、レオ、黎央とした。

妻は地域の拠点病院の南相馬市立総合病院に勤め、夜勤で忙しいが、仕事にやりがいを感じているようだった。バーを経営していた庄司さんが、店をたたんで主に家事や子育てを担うことになり、長女や黎央君のミルクや離乳食、おむつ替えなどの世話をした。

次女、次男も生まれ、子どもを4人抱える大家族になった。庄司さんは、いつか子育てが落ち着いたら家族旅行に行きたいと思っていたが、子どもたちはまだ幼く、妻は仕事が多忙で休みをなかなかとれなかった。節目ふしめには家族写真を撮った。

突然の横揺れ、たわんで見えたオフィスのガラス

2011年当時は長女、長男が小学校、次女、次男が保育園に通っていた。庄司さんは出前専門のすし屋にパートで勤めながら家事と4人の子どもの世話をし、仕事と子育てに追われる

忙しい生活を送っていた。

11年3月11日の午後、庄司さんはすし宅配のピークとなるランチタイムを終え、近くの病院の駐車場に自家用ステップワゴンを止めて、車内の運転席でお弁当を食べ始めた。ひとくち、ふたくち食べた、そのときだった。

午後2時46分――携帯電話から緊急地震速報が鳴り、ほぼ同時に横揺れが始まった。5～6秒経つと強くなる。車から降り、駐車場の敷地のフェンスにつかまった。前にある建設会社のオフィスのガラスがたわんでいるのが見えた。さらに揺れが強くなっていく。病院からお玉を持った調理員が、外に飛び出してきた。

「子どもたちは……」

庄司さんは揺れがおさまるのを待たずにエンジンをかけた。まず保育園に行った。お昼寝の時間だったが、みんな起きていた。次女と次男を引き取り、そのまま長女、長男のいる小学校に迎えに行った。小学校では、児童たちが校庭に避難し始めているところだった。子ども4人を車に乗せて家に着いたとき、妻の姿はなかった。災害対応のため、病院に向かった後だった。

家では台所の食器棚の扉が開き、皿やグラスが床に落ちて割れてしまっていた。子どもたちを近づけないようにして破片を片付けた。庄司さんは家を片付ける前にとりあえず車にガソリンを入れておこうと、ガソリンスタンドに向かった。すでに順番待ちの車列ができていた。

南相馬市は震度6弱を観測した。

地震から約50分後の午後3時35分ごろ、津波が南相馬市を襲った。最大波は最も近い相馬の観測点で9・3メートル以上（午後3時51分）だった。

妻の職場の南相馬市立総合病院は海岸から3キロ。津波は病院の1キロ手前で止まった。この病院は災害拠点病院で、心肺停止や頭部打撲、津波で急性呼吸窮迫《きゅうはく》症候群になった泥だらけの患者たちが運び込まれた。外来患者も押し寄せた。ロビーに簡易ベッドや布団が敷かれ、点滴などの機材が運ばれ野戦病院のようになった。

翌12日には福島第一原発1号機が水素爆発し、政府は原発から20キロ圏内の住民に避難指示を出した。南相馬市立総合病院は原発から北に23キロ。南相馬市の南部が20キロ圏内に入る。原発から16キロの市立小高《おだか》病院から患者68人がこの市立総合病院に運ばれ、同院は会議室に布団を敷いて受け入れた。だが市立総合病院周辺も放射線量があがり、12日午後8時時点で救急外来の入り口で毎時12マイクロシーベルトが計測された。事故前の240倍だ。13日には使っていないX線写真のフィルムが感光していたことがわかった。CT検査をすると写真にシミがついていた。病院では汚染を防ぐため、表玄関を閉め、窓に目張りをし、換気を止めた（インタビュー記事「南相馬市立総合病院院長・金澤幸夫氏に聞く」〈m3.com〉、太田圭祐著『南相馬10日間の救命医療――津波・原発災害と闘った医師の記録』〈時事通信社〉から）。

14日には3号機建屋も爆発。市立総合病院でも爆発音が聞こえた。病院では緊急会議を開き、院長が「避難したい人は避難してもらい、ここで私と一緒に働いてくれる人は残って下さい」と呼びかけ、スタッフ266人中、86人が残った（南相馬市職員労働組合・長谷川小百合「震災後の南相馬市立病院の現状」から)。幼い子どもがいる医師、また給食、清掃、守衛の契約職員が避難したため、残ったスタッフが食事を作り、配膳し、清掃や守衛などの仕事も手分けしてこなした。

3月11日は夕方に2度の震度5弱、12日には午後10時15分に震度4の地震が続いた。子どもたちは怯《おび》え、長女以外の3人が2階の庄司さんの部屋に集まってきた。庄司さんは「ここにいれば良いよ」と言い、庄司さんと下の2人の子どもが庄司さんのベッドで一緒に寝て、黎央君がベッドの横に布団を敷いて寝た。妻は病院に泊まり込みで仕事を続けた。

一帯ががれきの山、何艘も横たわっていた漁船

庄司さんは13日午後、子どもたち4人を連れて、津波で被災した妻の実家の相馬市の古磯部《こいそべ》地区や南相馬市の介護老人施設ヨッシーランドを見に行った。南相馬市災害記録誌によると、津波被害は市の約10%の40・8平方キロにおよび、ヨッシーランドで36人が死亡するなど636人が犠牲になった。

ヨッシーランドは海から約2キロに位置し、一帯ががれきの山になっていた。施設の建物には流された自動車が突き刺さっており、津波の勢いのすごさを感じさせた。自分も子どもたち4人も言葉がなく、黙って見ていた。泥の上に、泥だらけの化粧ポーチが置いてあった。市内では数百人が行方不明になっていた。高齢の夫婦が周囲を歩き回っていた。

「孫娘がいねえんだ。一緒に探してくれねえか」

夫婦に頼まれ、庄司さんは言葉に詰まった。庄司さんは長靴ではなく普通の靴だった。子どもたちも一緒にいた。いたたまれない思いで「すみません」と断った。

南相馬市の国道から、陸地奥まで流された漁船が、何艘《そう》も横たわっているのが見えた。

「黎央、ここまで漁船がきてるぞ」

黎央君は驚いたように見ていた。

学校、保育園は休み。庄司さんが働いていた宅配すし店も閉まった。

庄司さんの家は、福島第一原発から北北西22キロにあり、避難区域の20キロ圏からわずかに外れた。庄司さんはテレビを24時間つけっぱなしにし、ニュースを見た。家で子どもたちとカップラーメンとおにぎりを食べて過ごした。放射能の危険はさほど感じず、普段のように洗濯物を外に干していた。

テレビは、安全安全と繰り返しているように見えた。フジテレビでは、3月13日に福島第一原発3号機で毎時184・1マイクロシーベルトが検出されたことについて、「安全な基準のうちと考えて良いと？」と問われた澤田哲生《さわだてつお》・東京工業大助

庄司さんが子どもたちと見た相馬市の津波被災地＝2011年3月13日
写真：庄司さん提供

教が「そうですね。通過するぐらいだと、なきに等しいとは言い過ぎですけれど、わずかになる」などとコメントしていた。庄司さんには澤田助教の赤いメガネが印象に残った。事故前の南相馬市の放射線量は毎時０・05マイクロシーベルトだったことは伝えられておらず、庄司さんは放射線量の数値をどうとらえていいかわからなかった。「テレビで専門家が大丈夫だと言っている」。庄司さんには信じたい方を信じる心理が働いた。

15日午前、政府は、さらに20〜30キロ圏の住民に対し屋内退避を指示した。庄司さんの家も含まれた。

南相馬市は、市役所や市立総合病院など市内中心部までが屋内退避となり、このため市外から市内にトラックやタンクローリーなど物流の車が入らなくなった。食材、ガソリンや救援物資すら来ない。庄司さんは、テレビで、南相馬市の福祉施設の職員が電話取材に「食べ物がない」と訴えているのを見て、大変なことになっていると感じた。

南相馬市の桜井《さくらい》勝延《かつのぶ》市長が、15日にＮＨＫの電話インタビューで「市内に残っているのは避難所に避難している人や、一人では避難できない高齢者、それに車のガソリンがなくなって移動手段を失った人たちだ。市民にはできるだけコンクリートなど頑丈な建物にとどまるようお願いしているが、それでも市外へ避難したいという市民のために国や県には輸送用のバスを要請している」と訴えていた。

庄司さんは車で市内をまわったが、人影がなく、どのスーパーも閉まっていた。南相馬市の外へと、人が次々と避難していた。庄司さんは、屋内退避といっても食材もないのにどうしたらいいのかと困った。乾麺やコメの備蓄はあったが、おかずがない。子どもたち4人と缶詰や冷凍してあった肉や魚を少しずつ食べ、ふりかけご飯やレトルトカレーで凌《しの》いだ。それでも、あと5日分しかない。その後はどうしたらいいのか――。

「陸の孤島」となった南相馬

南相馬市は、避難所の食事も足りない事態に陥《おちい》り「陸の孤島」と化した。原子力災害に備えた防災対策を講じる重点区域の範囲は「原発から半径約8～10キロ」とされていたため、市の南側と浪江《なみえ》町との境が原発からちょうど10キロになる南相馬市には避難計画がなく、市には突然、自らの判断と対策が求められた。16日に新潟県の泉田裕彦《いずみだひろひこ》知事が南相馬市の避難者を新潟県で受け入れると申し出た。市は緊急避難計画を作成し、同日夜に約7万1千人の全市民に避難を促した。自分で避難できる市民に対しては自力での避難を、それ以外の市民に対しては、市が臨時で手配したバスでの市外への集団避難を求めた。

庄司さんは、逃げようにも手持ちのお金がなかった。困っていたところ母の淑子さんが来てくれた。淑子さんは旅館を経営していたが、支援に来た警察官や自衛隊員、ジャーナリストらであふれて仕事に追われていた。合間を縫ってようやく知人に車に乗せてもらい、庄司さんに会いに来た。淑子さんは庄司さんに「子どもたちと避難したら」と10万円を渡してくれた。

庄司さんは子ども4人と避難することを決めた。離れる前に妻に会おうと、翌日夕方、病院に向かった。

　市立総合病院はスタッフが避難で3分の1に減り、慌ただしさを増していた。患者の県外への搬送も始まっていた。庄司さんは入り口で放射能測定を受けた後、1階受付で「妻に面会に来たんです」と申し出た。

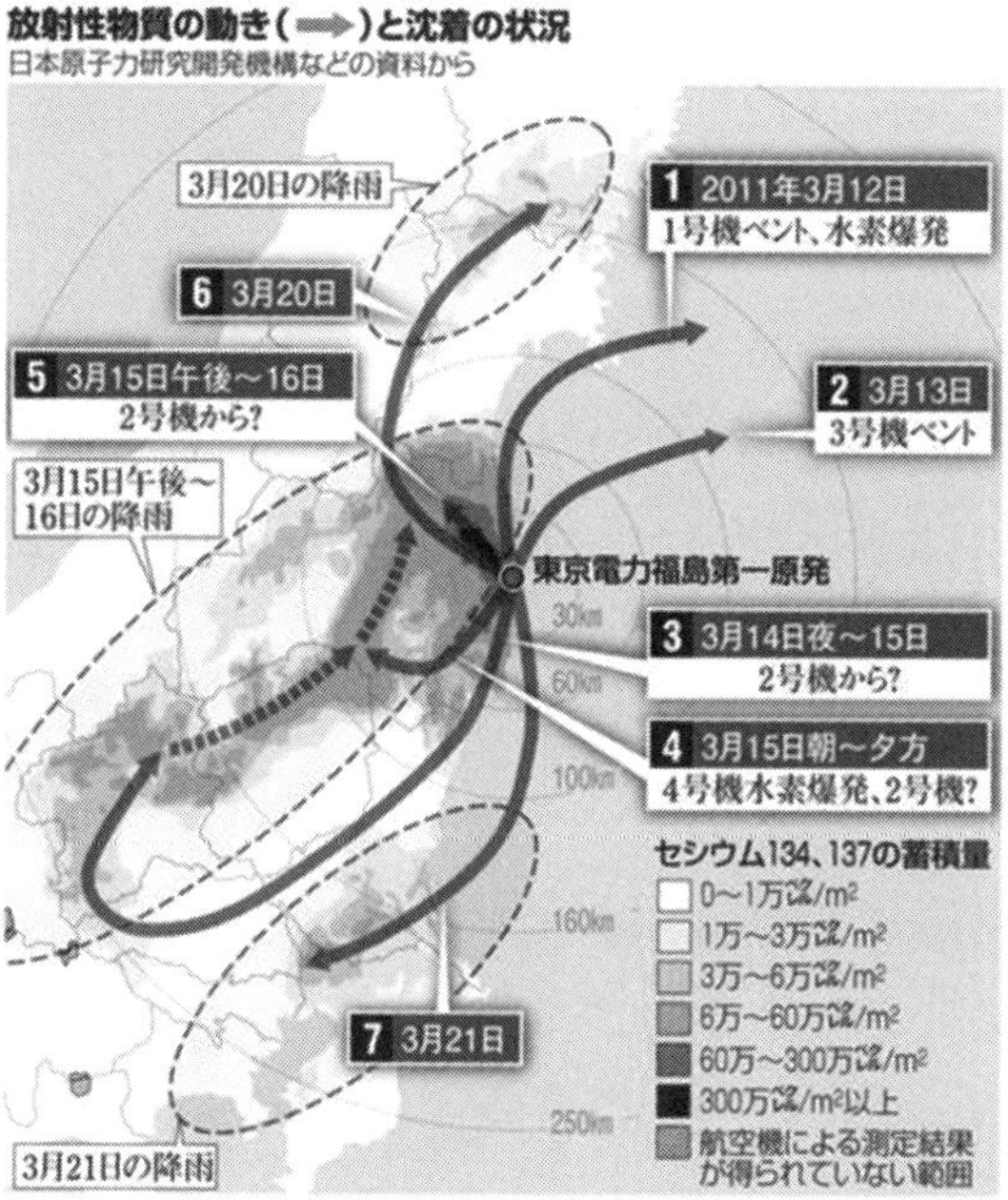

上図　放射性物質の動きと沈着の状況（日本原子力研究開発機構などの資料から）＝2014年2月15日付　作図：朝日新聞

下図　福島第一原発から庄司さんの家（◇）までは22キロほどだった　作図：朝日新聞（◇は筆者記入）

入院病棟にいます、と言われて上のフロアに向かった。廊下で職員4、5人を見かけた。誰もが疲れ切っているように見えた。入院病棟では、足をけがしてベッドに横になっている人の姿が見えた。妻は病棟でワゴンを押しながら患者のもとをまわっていた。

庄司さんは、廊下で妻に話しかけた。

「職員がいないね」

「医師も避難したんだよね」

妻の表情は暗く、疲れがたまっているようだった。

話している庄司さんたちの目の前で、一人の男性が大きな箱をいくつかの台車で運んできた。箱から中身を出す作業を急いで始めた。人工呼吸器だった。

「子どもは避難させるから。看護師さんもいなくなっているようだし、やれることをやりなさい」

妻にそう言うなり、庄司さんは男性の箱出し作業を手伝った。男性は「東京から運んできたんです」と告げた。

妻は何も言わず、せわしげにワゴンを押して病室の中に入っていった。

家族5人、ワゴンで西へ、西へ――

南相馬市は住民をバスに乗せ、避難所から新潟県などに送り出した。市内の人口は約7万1千人だが、避難指示や市の全市民への避難呼びかけで市内に残った人は1万人を下回ったという。

庄司さんたちが南相馬を離れたのは、市が避難を呼びかけた16日から2日後、1号機爆発から6日後の18日だった。

子ども4人をステップワゴンに乗せ、自宅から西に向かった。ほとんどの人がすでに避難していたようで、車道を走っている普通車は他になく、対向車線を南相馬市に向けて走っていくのは自衛隊車両だけだった。迷彩色のジープやトラックが連なって走っていった。

山を越え、飯舘村、川俣《かわまた》町を通り抜け、45キロ西の福島市に着いた。市内に入り、道路から見えた中学校の体育館に行くと、「避難者でもういっぱいです」と断られ、福島大附属中学校に行くように言われた。

到着した中学校の体育館で配られた毛布は1人2枚。福島市はこの日、午前2時20分でマイナス0・9度と冷え込んでいた。翌朝口にしたのは、乾燥してカチコチに固まったおにぎり1個だけだった。

子どものうち小学生2人はともかく、保育園児2人にこの体育館では寒くてもう無理だ——庄司さんは妻に電話し、福島市まで来たと伝えたところ、「福島市も放射線量が高いんだよね」と不安を口にされ、さらに西へ行くことを決めた。体育館で1泊した翌日、新潟県に向かった。西へ西へ、とにかく放射能から遠くに逃れようと本州を横断し、日本海にたどり着いた。太平洋に面した南相馬から170キロ離れた日本海まで2日がかり。長時間の移動に疲れ切っていた子どもたちをゆっくり休ませようと、新潟市内の海沿いのホテルに2泊した。子ども4人と自分で1泊1万4千円。だが「これではお金が続かない」と、南相馬市役所に電話した。「新潟県阿賀《あが》町の体育館に行って相談してください」と言われ、約40キロ南東の阿賀町の体育館に赴《おもむ》いた。

体育館の駐車場に続く道路は、避難者の車で長蛇《ちょうだ》の列ができていた。

福島県の人々が選んだ避難先は、庄司さんのように新潟県が多かった。福島第一原発との間に2千メートル級の山々が連なる越後《えちご》山脈が東からの風を遮断《しゃだん》するため、放射線量が比較的低かった。新潟県の全30市町村で26日にかけて順次、県外の人向けの避難所を開設した。新潟県は当初は福島県からの最多の避難先となり、新潟日報社のまとめでは、福島などからの避難者は県と市町村が開設した73避難所で計7050人（20日午後6時現在）となった。

庄司さんがやっと駐車場に車を停《と》め、体育館の新潟県職員に相談すると「南魚沼《みなみうおぬま》市のセミナーセンターがあいています」との答えが返ってきた。南南西に約80キロ。庄司さんは疲れた体をおして雪道を運転し、ようやく南魚沼市にたどり着き、1泊した。避難で長距離移動を繰り返す間、後部座席に座る子どもたち4人は毎日の移動や慣れない宿泊に、とくにぐずったり不平を口にすることもせず、ニンテンドーDS2台を囲み、ポケットモンスターのゲームソフトで遊んでいた。上の2人がプレイをし、下の子が見ていた。庄司さんには、ゲームで不安を紛《まぎ》らわせているように見えた。

1泊したセミナーセンターで、10キロ南の湯沢《ゆざわ》町が避難者を長期に受け入れていると教えられた。湯沢町では町と宿泊施設が協力し、大規模な受け入れが行われていた。宿泊施設109

軒が１泊３食３千円で避難者を受け入れることに同意し、町がその料金を負担した（２０１１年３月30日付「朝日新聞」から）。

庄司さんたちは翌日、湯沢町に行き、「湯沢東映ホテル」に迎え入れてもらえた。庄司さんと子どもたちは18日に避難してから５日目の22日に、ようやく落ち着くことができた。

湯沢東映ホテルには、映画の「東映」系列会社でロビーに仮面ライダーの歴代バイクの展示があり、庄司さんの心を和ませた。５人で客室の和室の一室で暮らした。

湯沢町には町が避難者のために借り上げた民間施設への宿泊者が１０１２人（「新潟日報」３月25日時点調べ）と多かった。町内の体育館では東電の説明会が行われ、庄司さんを含む避難者が１００人ほど参加した。東電社員が４、５人来て、頭を下げて謝罪した。大熊《おおくま》町の男性が「いつになったら帰れるんだ」と怒りの声をあげるなか、東電社員はひたすらに平謝りを続けていた。

４月に入り、子どもたちは上の３人が湯沢町立の小学校、末の次男が保育園に通い始めた。「新潟日報」によると、避難者で町の小学校に通った児童は56人（６月16日現在）にのぼった。

黎央君は学校でできた友達５、６人をよく東映ホテルに連れてきた。駐車場でスケートボードをしたり、ロビーでゲームで遊んだりしたので、庄司さんは心苦しく思いながら「遊びに来てくれるのは嬉《うれ》しいんだけれども、ここはホテルだから」と黎央君に言い聞かせた。

湯沢町での生活は３カ月になった。７月29日～31日に日本最大のロックフェスティバル「フジロック」が行われるため、湯沢町が宿泊施設で避難者を受け入れる期限は７月25日と決まっていた。次を考えなければならない。東日本大震災を受け、国は避難先住宅として民間住宅を借り上げる制度を始めていた。制度では家賃の上限は家族5人以上で9万円。7月に湯沢町で、避難者を受け入れる民間住宅の紹介があるとの情報が入ってきた。新潟市に2軒、長岡《ながおか》市に3軒。翌日電話をすると、5軒のうち4軒は「もう見に来る人がいる」「検討中の人がいる」と伝えられた。すぐに借りられるのは長岡市の1軒しか残っていなかった。

物件がなくなってしまう、と焦《あせ》った庄司さんは最後の長岡市の1軒を、実物を見ずに契約した。2階建ての一軒家で本来、家賃12万円のところを被災者には住宅提供制度の上限額となる9万円で貸してくれる、ということだった。これで家賃の心配をせずに住むところがようやく確保できた、と庄司さんはほっとした。

暮らす家が決まったものの、すぐには入居の準備が整わなかった。日本赤十字社などから冷蔵庫など生活に必要な支援物資が届くことになったが、その配達に時間がかかった。湯沢町が避難者の受け入れ延長を決め、庄司さんたちは8月初旬まで別のホテルに滞在することになった。

8月7日、湯沢町の商店街で、お祭りがあった。庄司さんは黎央君と次男、次女の3人に浴衣を買ってあげて、一緒にお祭りを楽しんだ。3人そろった笑顔の写真を携帯電話におさめた。3人とも、ヨーヨー釣りや綿あめを買って縁日を満喫し、ニコニコした楽しそうな笑顔で写真におさまった。

庄司さんたちは8月10日ごろに、湯沢町から50キロ北の長岡市に移動し、新たな生活が始まった。黎央君は、このとき小学校3年生。避難後の移動や生活について、疲れたとも寂しいとも不満らしい言葉は、このときも庄司さんには何も、言わなかった。

長岡でスタートした、家族5人の避難生活

黎央君は姉と妹と一緒に、夏休み明けから長岡市の希望が丘小学校に転校した。徐々に新しい学校生活に慣れ、友人ができていった。庄司さんの目には、黎央君は1カ月も経たずに長岡での生活に馴染《なじ》んだように見えた。

もともと黎央君は優しく、争いごとが嫌いな性格だった。きょうだいは4人とも穏やかな性格で、みんなでゲームをわいわい楽しむ日常。庄司さんは子どもたちがきょうだい間で言い争う姿は見たことがなかった。

黎央君は人気ゲーム、モンスターハンターが好きで、学校でゲーム仲間ができた。

体を動かすのも好きで、保育園の頃は周りの子たちよりも足が速かった。4年からはサッカー少年団に入りたいと言って入団し、ディフェンスやキーパーで活躍した。

浴衣を買ってもらって妹、弟と写真におさまる黎央君＝2011年8月7日、湯沢町　写真：庄司さん提供

庄司さんは、子どもたちが避難してきたことで引け目を感じないよう、家で安心できる空間を作ってあげたい、と思っていた。黎央君は家によく同級生たちを連れてきて、家で一緒にマリオカートなどのテレビゲームを楽しんだ。庄司さんは「腹減ってないか」と同級生に声をかけてご飯を振る舞ったり、近所の肉屋でハムカツを買ってきて食べさせたりした。

この頃、避難者いじめがニュースになっていた。「新潟日報」は4月21日付紙面に〈子どもが「放射線がうつる」といじめられたケースさえある〉と掲載していた。庄司さんは子どもにストレスを与えてはいけないと心に誓い、自分たちが避難者であるということは、家で話題にしなかった。子どもたちも、避難者であることは周りに言っていないだろうと思っていた。

翌2012年、黎央君は小学校4年にあがり、希望が丘小学校で恒例の「十歳《ととせ》を祝う2分の1成人式」が行われた。体育館に集まった保護者やほかの児童の前で、一人ひとり、将来の夢を語っていく。

同級生がピザ屋さんやケーキ屋さんなどと発表するなかで、黎央君はただ一人「自衛隊に入って困っている人を助けたい」と話した。庄司さんは、黎央君が津波被災地でがれきの山を見たことや、自分たちが逃げる方向と反対に、自衛隊のジープが南相馬市に向かって行った姿を見たこと、その後、新潟県内を転々としてきたことを子どもなりに酌《く》みとり、「次は自分が助けよう」と思っているんだな、と息子の成長を感じた。

避難生活は、決して楽ではなかった。病院勤務を続ける妻は南相馬市に残っており、庄司さんは、原発事故で支払われた賠償金を取り崩して生活費にあてて、４人の子どもの世話に専念した。

庄司さんの南相馬市の家は原発から22キロ。自宅のあるエリアは３月15日に政府が屋内退避の指示を出したのち、４月22日に緊急時に屋内退避か避難してもらう区域である「緊急時避難準備区域」になった。東京電力から一人当たり月10万円の慰謝料が支払われることになったが、11年９月に「復旧の目処《めど》がついた」として緊急時避難準備区域は解除された。このため、庄司さんたちへの月々の慰謝料の支払いは12年８月で終わった。

庄司さんたちのように避難指示区域外から避難している人は、自主避難と言われたが、区域外避難の人たちは支払われた賠償金の額が少なく、経済苦に陥るケースが多かった。

新潟県が県内に避難していた人を対象に17年10月〜11月に実施したアンケートでは、避難指示区域外の避難者236世帯での世帯収入は、避難前の平均月35・８万円から避難後は月27・６万円と月10万円近く減少した。避難のために仕事を退職し、避難先で得た職が非正規雇用しかなかったり、無職になるなどしたためだ。経済的な不安を感じている人は83・５％に上り「事故によりたくさんのものが失われ、人生設計も大きく狂ってしまった。今後、どこで生活しても、退職金も年金も期待することはできず、定年後が非常に不安」との声が寄せられた。

３年ほど経ったのち、妻が南相馬市立総合病院を辞めて、長岡市の病院で働くことを決め、家族が再び一緒に暮らすようになった。ただ、離れていた時間が長かったこともあってか、庄司さんは少しぎこちなさを感じるようになっていた。

避難者の生活を追い詰める、住宅提供の打ち切り

２０１５年春、黎央君は長岡市で市立中学に進学した。小学校のときは背が低めで少しぽちゃっとした太めの体形だったが、急に背が伸びてすらっとした体つきになっていた。

黎央君は美術部に入った。小学校でもイラストクラブで漫画やアニメの絵を描いていた。

庄司さんは黎央君に聞いてみた。

「どうして美術部に入ったの？」

「絵を描くの、好きなんだ」

黎央君は楽しそうに答えた。庄司さんは内心嬉しかった。自分も中学のときに漫画家になりたいと思ったことがあり、「おれに似てるな」と思ったのだ。

庄司さんは黎央君によく、14年にオープンしたアニメ専門店「アニメイト」長岡店に連れて行ってほしいと言われ、５、６回車で乗せて行った。黎央君が選んだＧペンや水彩絵の具を買った。妹も好きなアニメがあり、一緒に連れて行くこともあった。

庄司さんは、アニメイトで黎央君に打ち明けた。

「お父さんも、漫画家になりたかったんだよ」

「へえ、そうなんだ。絵、うまいの？」

黎央君は安心したような顔をしていた。美術部では動物や花のイラストや漫画を描いていた。

「イラストレーターとか漫画家になりたいな」

黎央君は、新たな夢を語るようになっていた。

だがようやく得た安定した暮らしが、突然脅《おびや》かされることになった。

震災の翌年の12年6月、国会では民主、自民を含む超党派の議員立法で「原発事故子ども・被災者支援法」が成立していた。「東京電力原子力事故により被災した子どもをはじめとする住民等の生活を守り支えるための被災者の生活支援等に関する施策を推進する」という法律で、避難先の住宅確保の施策は国が講ずると定めた。この法の施策が具体化すれば、避難者の生活は守られるはずだった。だが、法の具体化が進まなかった。13年1月に子ども・被災者支援法を立案した与野党の議員が中心になって「子ども・被災者支援議員連盟」が作られた。1月22日の設立総会には議員数十人が参加。自民党の森雅子《もりまさこ》少子化相は両手でマイクを持ち、笑顔で挨拶《あいさつ》した。真っ白のスーツを着て話す姿がＹｏｕＴｕｂｅにアップされている。

「原発の被害から子どもたち、そして被災者を救おうという一心で、歴史上初めての、全政党が発議者で、全国会議員が賛成ボタンを押すという画期的な成立をした法律です。できるまでに1年間かかりました。まだ予算をつけておりませんので、これから予算をつけて法律を具体化して、現場のみなさんに救済の手を差し伸べることが大切でございます」

しかし12年12月に返り咲いていた自民党政権が原発の再稼働を進めていくにつれ、出席者は数十人から十数人に減り、与党の参加者がいなくなっていった。議連が自公議員に役員への復帰を呼びかけても、応じてもらえなくなった。

一方で、福島県に住民が戻らないと困る、という地元議員からの声があがるようになり、政府と福島県は帰還を促すため、避難者への住宅提供打ち切りに向けた協議を重ねた。ついに15年6月、避難指示区域外の人たちへの住宅提供を打ち切ることが発表された。庄司さんは、これをテレビニュースで知った。台所で食事をつくっているときだった。打ち切り決定を報じるニュース画面には、福島県の内堀雅雄《うちぼりまさお》知事が映っていた。

「なんで」――。

呆然《ぼうぜん》とした。黎央君も隣にいたが、事態を呑《の》み込めていないようだった。

住宅支援の打ち切りは17年3月末。福島に帰るか、月9万円の家賃を自己負担して残るか、庄司さんたちは苦渋の選択を迫られることになった。

福島県の人口は原発事故以前から少子高齢化などで減少傾向にあったが、震災後は県外への転出の増加などで、人口減少がさらに進んでいる。特に事故前は減少が緩やかだった太平洋側が急激に減った。

県の推計人口は2011年3月で202万4千人だったところ、20年9月1日で182万6千人と10％減少した。太平洋側の南相馬市は震災前に7万878人（10年10月）だったが、20年9月1日時点で5万3153人と25％も減少した。

庄司さんは、国や自治体が「避難住宅を打ち切れば戻ってくるだろう」と考えているのがみえみえだと思った。「政府や県はそこまでして県民を戻したいのか」と、子どもたちの生活を顧《かえり》みない政策に憤《いきどお》った。

しかし現実問題として家賃月9万円は負担が重く、払い続けながら一家の生活を維持するのは難しかった。庄司さんは子どもを連れて福島県に戻らざるを得ないと思い、住宅提供打ち切りの発表から4カ月後の、15年10月16日に福島県郡山《こおりやま》市で除染の特別講習を受け、除染等業務特別教育受講証明書を受けた。除染作業を行うのに必要な講習だ。その日、長岡市に帰って「南相馬に戻ろうと思うんだけど」と子どもたち4人に切り出したところ、全員から反対された。

高校1年になっていた長女は学校に親友がたくさんおり、「長岡が一番いい」と主張した。ほかの子どもたちも「南相馬には帰らない」「引っ越したくない」「転校したくない」と異口同音だった。子どもたちはすでに南相馬から湯沢町、長岡市と2度も転校・転園してきた。

妻は働いていたが、子どもたちの教育費を積み立てていた。

庄司さんはこれ以上子どもたちに負担をかけたくない、と逡巡《しゅんじゅん》した。

放射能汚染の不安もあった。庄司さんの家がある地区は原発から北北西に位置している。事故で発生した放射性プルーム（雲）が流れた方向で、放射線量が高い。政府は、局所的に放射線量が高いホットスポットがあったとして、11年8月と11月に、南相馬市原《はら》町区馬場《ばば》の39世帯の住居を、自主的な避難を促す「特定避難勧奨《かんしょう》地点」に指定した。馬場は庄司さん一家が住んでいた原町区陣ケ崎《じんがさき》の隣の地区だ。

雨どい下の空間放射線量、事故前の230倍

庄司さんは、長岡市から何度か自宅に帰っていた。2013年4月3日、自宅に物を取りに行った際に、雨どいの下の放射線量を測った。南相馬市が貸し出している空間放射線量率計を持ち歩いていた。雨どいの下の地面近くで毎時11・49マイクロシーベルトを示した。原発事故前の南相馬市の空間線量（0・05）の230倍だった。国際放射線防護委員会（ICRP）は平常時の一般公衆の被曝限度を年間1ミリシーベルト（1千マイクロ）としている。国が、事故による追加被曝線量年1ミリに相当するとする空間線量の測定値毎時0・23マイクロシーベルトと比べても50倍。庄司さんは「もう帰って来れないわ」と思い、空間放射線量率計が示した数値を携帯電話で写真に撮った。自宅から300～400メートルほどにある洗車場に車を洗いに行き、側溝《そっこう》を測ったところ、毎時26・18マイクロシーベルトを示した。側溝が高いのは知っていたが、あまりの高さにただ、驚いた。

新潟県の調査（17年10月～11月）では、庄司さんのような避難指示区域外からの避難者で「低線量被ばくによる健康影響がはっきりわからないことが不安」と答えた人は82・1%にも上った。避難指示が出ている地域の人たちの54・3%より高く、被曝の危険を感じているからこそ、経済的リスクを抱えながらも避難していることを示す数字だ。帰還しない人にどのような状況になれば福島県に戻りたいか尋ねた項目では「放射線量の減少、除染が十分に実施された状況になった場合」と答えた人が最多で31・1%だった。

この調査では、住宅提供打ち切りについて「せめて子どもたちが成人するまで家賃負担がないとありがたい。子どもが自分で生活ができ、自己判断で行動できるまで保証して欲しい。親の経済関係で、また子どもたちを連れ回し、不安にさせたくない」「母子避難しています。50代の女が、職を探すのが、とても大変なのが、わかりました。でもアパートに住むためには、働かなくてはなりません。もっと家賃補助を増やしてほしい。新潟県に住まわせて下さい」との切実な声が寄せられた。住宅提供打ち切り対象の子どもたちの意向は、「帰りたくない」が34・9％と、「帰りたい」の13・3％の2・6倍だった。

放射性物質が福島第一原発から再飛散するのではないかという不安もあった。

庄司さんの家から1キロの距離にある原町区旧太田《おおた》村の14カ所では、13年秋に実証栽培で育てたコメから基準超の放射性セシウムが検出された。100ベクレル／kgを超えた玄米は27袋。最大で180ベクレルで、基準の1・8倍だった。農林水産省が、同年夏の福島第一原発のがれき撤去作業で飛んできた可能性があるとみていると報じられていた。だがのちに原子力規制委員会の田中俊一《たなかしゅんいち》委員長らが、規制庁がシミュレーションした数値では南相馬市に飛散したセシウムは12～30ベクレルとわずかだとし、コメを汚染した原因としては「極めて無理がある」などと否定した。私は南相馬市の人たち十数人に聞いたが、「規制委がごまかしたんだろう」「また飛んできても隠すんじゃないか」との不信感を口にした。

庄司さんは、「やはり子どもたちを南相馬市には戻せない。家族一緒に新潟県長岡市でそのまま暮らせないか」と思いなおした。住宅ローンが月6万円かかる南相馬市の家は「もう誰も住まない」と売りに出した。ローン残高1500万円とほぼ同じ金額で売れた。

住宅提供打ち切りに備え、庄司さんは、このまま一家6人が一緒に暮らせるよう、長岡市で宅配業者の荷物振り分けのアルバイトを始めた。時給860円。小学生から高校生まで4人の子どもたちの育児や家事のため、仕事は1日最大4時間に抑えた。50歳を過ぎていた庄司さんは、慣れない作業に手間取り、同じ職場の年下の同僚たちから厳しい視線が向けられるようになった。庄司さんは精神的につらくなり、結局1カ月で辞めた。それに、とても家賃9万円を賄《まかな》うにはとどかない給料だった。

庄司さんは、除染の講習も受けたし、やはり一人で南相馬市に戻って働くしかないかもしれない、と思った。

もう一つ、庄司さんが戻った方がいいと思う理由があった。

避難者や支援団体は「行き場がない人もいる」として住宅提供打ち切り反対を訴え、8万6971人分の署名を福島県の内堀知事や安倍晋三《あべしんぞう》総理大臣あてに提出。福島県は打ち切り後の支援措置として低所得世帯と母子避難などに2年間、家賃補助を行うことを決めた。1年目は月3万円、2年目は月2万円を受けられる。新潟県からも自治体独自の補助として家賃月1万円を上乗せする支援が決められた。

自分が南相馬市に戻り、妻と子どもが長岡市に残って母子避難になれば、妻が月3万〜4万円の家賃補助を受けられる。妻は、庄司さんの選択にまかせるという態度だった。南相馬市では、庄司さんは母の淑子さん宅に住めば家賃がかからない。淑子さんは夫の保《たもつ》さんを避難中に亡くした後に足腰を悪くし、旅館やドライブインをすべて閉めて、同敷地の一角に平屋の小さな家を建て、一人暮らしをしていた。

庄司さんは、子どもたちに言った。

「お父さん、一人で働きに戻ろうと思う」

子どもたちに話すと、一様に驚かれた。

「え〜」「まじ」「誰がご飯つくってくれるの？」

子どもたちは不安を口にした。妻は何も言わなかった。

長岡市で働くか、戻るか——。迷う時間が続いた。

子どもたちからのサプライズ

翌2016年9月の庄司さんの誕生日。サプライズがあった。夕ご飯のあと、4人の子どもたちが自分へのメッセージを書いた色紙をプレゼントしてくれた。子どもたちからプレゼントをもらうのは初めてだった。長女の呼びかけだった。色紙の中央には「PAPA　Happy　Birth　DAY！」と書かれてあり、四方にそれぞれ子どもたち4人の言葉が寄せられていた。黎央君の言葉は右下に、「おめでとうなう　いつもごはんありがとうなう　部活がんばるなう　黎央より」と書かれ、その下には鬼が笑っているユニークなイラストが水色と緑のペンで描かれていた。

乳児の頃にはおむつ替えをしたり、ミルクをあげたり、学校に入ってからもずっと子どもたちのためを思って世話をしてきた。子どもたちは感謝してくれていたのか……。

子どもたちの気持ちがありがたく、庄司さんの目からはぼろぼろと涙が出た。


住宅提供打ち切りを前に、大人たちは厳しい精神状況に追い込まれていた。

新潟県精神保健福祉協会は、打ち切り前の２０１６年10月～11月、精神的な問題の深刻度を測る「Ｋ６」の調査を行った。

回答した避難者ら５１２人の24・８％が重症精神障害相当となった。重症精神障害相当の割合は通常時の平均（３％）の８倍という非常に高い値《あたい》で、住宅提供打ち切りによる精神的苦痛の高さが表れていた。

新潟県が17年10、11月に行った調査によると、庄司さんと同様の借り上げ住宅に入居する４１９世帯のうち、３４５世帯（82・３％）が自分で家賃を払ったり、新たな住宅に移転をして新潟県内に留《とど》まり、帰還したのは66世帯（15・８％）だった。帰還しない理由は「放射線による健康への不安があるから」が最多で65・６％、「子供の将来を考えると不安があるから」が61・３％だった。住宅提供打ち切りで家賃がかかるため、「帰りたくないけれども生活が成り立たない」と庄司さんのように経済的な理由で戻る人もいた。

庄司さんは、子どもたちに告げた。

「家賃の提供が終わっちゃうんだよ。お父さん南相馬で仕事を探して、おばあちゃんの家から通うから」

何度か告げてきた言葉だった。淑子さんは足腰を悪くしたため、娘が住む北海道長沼町《ながぬま》の施設に入ることになった。南相馬の家で庄司さんは一人暮らしになる。子どもたちは、もう何も言わなかった。

黎央君も何も言わなかった。

2017年3月末の打ち切りに向け、庄司さんは1月から時折、南相馬市のハローワークに行って就職先を探した。

寂《さび》しさがこみ上げたが、子どもたちにはなるべく普段通りに接しようと努めた。

「きょう何が食べたい？　黒か白？」

庄司さんは毎日のように子どもたちに、何が食べたいか尋ねる。黒はブラウンルー、白はホワイトルー。節約のため値引きされた具材を買って、シチューにする。普段通りの会話が続いた。

庄司さんは、17年4月からは本格的に就職活動をするために南相馬市に行くようになり、月の20日間を南相馬市で、10日間を長岡市で子どもたちと過ごしていた。

そんな折の4月23日、日曜日の朝だった。

「ねえ、パパ」

寝ていた庄司さんは、黎央君に起こされた。朝5時半か6時近くだった。

「東武動物公園で『けものフレンズ』のコラボイベントやってるんだ。友達と今日これから行きたいから連れて行って」

庄司さんは、突然の黎央君のお願いに驚いた。

黎央君はわがままを押し通すことがない。今日の今日でどこかに連れて行ってと言われたのは初めてで、しかも東武動物公園は埼玉県。関越自動車道経由で3時間半かかる。

でも、「やりたいことをやらせてあげられるのは、今のうちだ」と思った。

「いいよ」

やがて黎央君の中学3年の友達3人が自宅に集まった。庄司さんは、4人をステップワゴンに乗せて埼玉に向かった。4人は「CDかけていい?」と車内で『けものフレンズ』の主題歌をかけながら歌っていた。4人は曲の途中に入るキャラクターのかけ声まで子細に覚えていた。黎央君もすごく嬉しそうに歌っていた。

動物公園の駐車場に着いたのは午後1時近くだった。庄司さんは小さなデジタルカメラを出し、子どもたちに「記念に写真を撮ろう」と呼びかけた。しかし黎央君はすでに友達3人と仲良くゲートに小走りで向かっていたので、庄司さんはその後ろ姿を写真に撮った。4人ともジーパンで背格好や服が似ている。ほほえましくなった。

これが、庄司さんが撮った黎央君の最後の写真になった。


帰りもまた3時間半以上かかる道のりで、庄司さんは夕ご飯が心配になった。

育ち盛りの中学3年の男子が4人だ。

庄司さんは、ファミリーレストランに連れて行って4人にカツカレーを食べさせてあげたかったが結局、サービスエリアのコンビニに寄って、弁当を四つ買った。４人が車の中で弁当を食べている間、庄司さんは車の外で時間をつぶした。

子どもたちは弁当の漬物まで残さずぺろっと食べた。良かったと思ったが、やはりカツカレーを食べさせてあげられずに悔しいとも思った。

友達３人を送った後、車で２人きりになり、黎央君は言った。

「パパ、ありがとう」

照れくさそうな笑顔だった。

「レストランに行かせられなくてごめんな」

黎央君は、

「大丈夫、大丈夫」

まったく気にしていないようだったが、庄司さんはやはり心残りだった。

庄司さんは、黎央君の「パパ、ありがとう」という言葉と照れくさそうな笑みを、大事に胸に刻んだ。

庄司さんひとり、南相馬へ

６月に入っても、庄司さんの仕事は見つからなかっ

東武動物公園で友人たちとゲートに向かう黎央君（右から２番目）。庄司さんが撮った最後の写真となった＝2017年４月23日　写真：庄司さん提供

た。やっぱり長岡市で仕事を探した方がいいかと考えだしていた頃に、知人の南相馬市の清掃会社の社員から除染の仕事を紹介してもらえることになった。除染講習を修了していたことが有利にはたらいた。

6月12日から、南相馬の清掃会社の正社員となり、ため池の除染を行うことになった。

4人の子どもたちが生まれて以後、おむつ替えから炊事、洗濯、遊び、主夫としてずっと世話をしてきた庄司さんが、初めて子どもたちと離れて暮らすことになった。南相馬市から長岡市までは磐越《ばんえつ》自動車道を使って280キロ以上。4時間以上はかかるから、これで子どもたちにはめったに会えなくなる。

6月12日の初出勤をひかえ、庄司さんは、準備のために9日に南相馬市に戻る予定だった。その前日の夜、庄司さんは4人の子どもたちに夕ご飯を食べさせた。子どもたちはゲームの話で盛り上がっていた。対戦型アクションゲーム、スプラトゥーン。インターネットで世界中の人と対戦できる仕組みで、子どもたちは「この前、中国の人と対戦した」「あの人、強いよね」というような話をしていた。いつもと同じように見えた。食べ終わって、長女、次女、次男が自分の部屋に戻り、庄司さんもダイニングに隣接した自分の部屋の座椅子に座っていた。ダイニングにいた黎央君が障子《しょうじ》をあけて、庄司さんを見下ろした。

庄司さんの身長は170センチ。それを超えるほどに黎央君は大きくなっていた。

「おれ、見たい映画があるんだ。『TRAP《トラップ》』っていうんだけど」

黎央君は前年、声変わりし、太い声になっていた。自分のことを「おれ」というようになっていた。

　庄司さんはその映画を見たことがあった。砂漠の真ん中で地雷を踏んでしまった兵士の孤独な戦いを描いたフランス製サスペンススリラー。砂漠をパトロールしていた兵士が誤って地雷を踏んでしまう。足を離せば地雷が爆発する。どうにか生き延びようと兵士が悪戦苦闘するというストーリーだ。庄司さんは、「ＴＲＡＰ」を外付けハードディスクに録画し、南相馬市の淑子さん宅に置いていた。

　庄司さんは、黎央君は戦争について考える映画が好きなんだろうと思った。

「お父さん持ってるよ」

「持ってきて」

「わかったわかった、今度持ってくるからね」

　そして、黎央君は、こうも尋ねた。

「お父さん、もう帰っちゃうの」

　座っていた庄司さんは、黎央君を少し見上げた。

　いつもは言わない言葉だよな。変だな、と思った。少し弱々しい声だった。

　そういえば、この1週間、ずっと口数が少なかった。

「うん、来週から仕事だからね」

「いつ帰ってくるの」

「まだわかんない」

いつ帰ってこられるか、実際に仕事に就いてみないとわからなかった。正直に答えた。

翌朝、子どもたちに朝ご飯を食べさせて学校に送り出し、庄司さんは車で南相馬市に向かった。

6月12日、庄司さんは南相馬市で初出勤の日を迎えた。

まだ早朝で寝ていたとき、庄司さんの携帯電話が鳴った。寝ぼけながら通話ボタンを押した。

「黎央が、黎央が」

長女の声だった。それだけ言って、切れた。

庄司さんは寝起きでぼーっとして、今は午前6時ぐらいか。お姉ちゃんが黎央を起こしに行って、起きないからけんかしているのかな——そう思ってかけ直さずにいた。

1時間後に妻から電話がかかってきた。

「黎央死んじゃってる」


「ドッキリだろこれ」


「ウソだべ」「そんなことが起こるはずない」と何度も思いながら、スピードを上げて長岡市に向かった。140キロぐらい出して、1度パトカーに赤色灯で警告を出された。高速道路で4時間ほどかかった。途中で携帯電話が鳴った。

「今どこにいるの」

妻だった。着いたときは、すでに医師も警察官も家から出た後だった。

庄司さんは家に着くなり靴のまま階段を上っていった。妻は2階の次男次女の子ども部屋にいた。3人ともベッドの上で膝《ひざ》をかかえて座っていた。妻に「お前、何をやってるんだ！」と怒鳴りつけ、黎央君の部屋に向かった。

黎央君は一人、ベッドに寝ていた。部屋にはほかに誰もいなかった。

庄司さんは黎央君に近づいて、ほおをたたき、「起きろ」「戻ってこい」と叫んだ。

ほおはまだ、やわらかかった。

目を閉じている。長いまつげ。

だが、何度呼んでも黎央君は動かなかった。

「ドッキリだろこれ」と庄司さんはひとりごとを繰り返した。

黎央君の魂《たましい》が近くにいると思い、遺体の上の方に向かって怒鳴り散らした。

「帰って来い、帰って来い！　今だったら戻れるから！」

何度言っても、黎央君はベッドに横たわったままだった。

黎央君の表情は、もう起きなくていいから楽だ、という表情にも見えた。

庄司さんは、妻から「警察からインターネットで死に方を調べていたと聞きました」と聞いた。数日前。庄司さんとの別居が始まった直後のことだった。

遺書は、なかった。

庄司さんはその日、眠れずに過ごした。

翌13日にかかりつけの内科クリニックを受診し、うつ病、不安定症と診断された。

14日が通夜、15日が告別式で、長岡市の斎場《さいじょう》で営まれた。庄司さんが喪主。妻や子どもたちはずっと黙っていた。やり場のない哀《かな》しみをこらえている顔で、何も言えないというようだった。

葬儀にきた僧侶は、庄司さん一家をよく知る人だった。黎央君の小学校時代のサッカー仲間の父親で、次男が通った保育園の経営者だった。

「庄司さん、何があった。どうしてこんなことに！」

何も答えられなかった。妻も子どもたちも何も言わなかった。

通夜が終わり、庄司さんは見送りに立った。中学の同級生の女の子3人が話しかけてきた。

「お父さんが大好きだって言ってました」

「一緒にいられなくなって寂しいって」

庄司さんは、膝ががくがくして、何も言えなかった。涙が出てきた。

火葬場に向かう霊柩車《れいきゅうしゃ》に乗った庄司さんは「学校をひとまわりしてくれませんか」と運転手にお願いした。長岡市の小学校、中学校で、黎央君は親友をつくり、部活もし、人を笑わせるのが好きで、楽しい思いをしていた。生徒たちが通路に出てきて、見送ってくれた。

涙が止まらなかった。

いったい、どうして黎央は、死を選んでしまったのだろう……。

庄司さんは、黎央君が亡くなってから、自分自身に同じ問いを繰り返した。そばにいれば、こんなことにはならなかった。なぜ離れてしまったんだろう、と。携帯電話を持たせなかったことを後悔した。同級生で持っている子はいたのに、黎央君は携帯電話が欲しいとせがむことは一度も無かった。黎央君は前年から塾に行くようになり、この年は中学３年で受験勉強にも取り組まなければならない、というところだった。

赤ちゃんのときからそばで支えてきた自分がいなくなり、つらかったのではないか、そのつらさをぶつけるにも携帯電話がなくて言えなかったのでは、と思った。

葬儀のあと、塾が嫌だ、やめたいとも言っていたと、妻から聞いた。

庄司さんは、長岡市役所や、新潟県で心のケア事業を行っている団体に相談したが、答えは見つからなかった。黎央君が亡くなった日から庄司さんはずっと、酒を飲み続けた。家族は止めなかった。

初七日が終わったころ、精神安定剤と酒を一緒に飲んだ。団体に再び電話をかけた。長岡市の家で携帯を耳にあてながら気持ちが高ぶってきて、外に出て、そばを流れる信濃川《しなのがわ》の土手を歩きだした。

おれがそばにいれば、そばにいれば。どうしてそばにいなかったのだろう。こんなこと考えてばっかりいるんだったら楽になりたい。死ねば子どものことも考えなくてよくなる。川に飛び込めば、泳げないから、確実に死ねるな――。

そう思いながら、電話で団体の職員に言った。

「これから逝《い》ってきます。もういいですから。聴いていただき、ありがとうございました」

電話を切った。土手の先に橋があった。そこまで歩いて飛び込もうと歩いていった。

すると、パトカーや消防車が集まって来た。土手から草むらに下りたときに後ろから押さえつけられた。電話の最中に団体の職員が出動を頼んだとしか思えないタイミングだった。「確保しました」という言葉が聞こえた。

庄司さんは警察署に連れていかれ、刑事に調書をとられた。

黎央君を喪《うしな》ったことを話すと、刑事は、

「ああ、おれが行ったところだな」

と、おもんぱかるようにつぶやいた。

刑事は黎央君が亡くなったときに自宅に来たといい、庄司さんに優しく接してくれた。

2時間ほど後に、家まで送ってくれた。庄司さんは家で子どもたちと話さなかった。子どもたちも話しかけてこなかった。

庄司さんは、「おれがいないと残りの3人の子どもたちも危ないな」と思い、南相馬には戻らず、また家事育児をしながら長岡市の家で暮らすことにしたが、自殺したいという思いはやまなかった。

9月にまた同じように信濃川を歩いて、もう一度保護され、長岡保健所から精神医療専門の病院を紹介されて通院した。

庄司さんの胸には、何度も何度もよみがえる言葉があった。

住宅提供を打ち切ったことについて、２０１７年４月４日、今村雅弘《いまむらまさひろ》復興大臣に、フリージャーナリストの西中誠一郎《にしなかせいいちろう》氏が「国が責任を取るべきではないか。帰れない人はどうするのか」と質問。今村氏は「それは本人の責任、判断でしょう」と答え、西中氏が「自己責任か」と確認すると「基本はそうだと思う」「裁判だ何だでもやればいいじゃないか」と発言した。

この発言が問題視され、テレビで何度も流れた。

自己責任――。

この言葉が庄司さんの頭を何度もよぎる。

息子が生きるも死ぬも、大臣さんたちに言わせれば自己責任なのか。

庄司さんは、この半年後の冬から、膝の裏が痛むようになった。何度も整形外科に行ったが原因不明と言われた。

妻もまた、黎央君の自殺でＰＴＳＤ（心的外傷後ストレス障害）に苦しむようになった。庄司さんは妻から何度も離婚を切り出されるようになり、18年２月に離婚届を出した。子どもたちは反対せず、黙っていた。庄司さんは行き場をなくし、同月に一人で、南相馬市の無人の淑子さん宅に移り住むことになった。

長岡市の家を出る日、長女と次男、次女は居間にいた。庄司さんは「なんかあったらすぐ電話よこせよ」とハイタッチした。３人とも、ちょっと落ち込んでいる感じに見えたが、何も言わなかった。

黎央君の一周忌

南相馬市の淑子さん宅で一人暮らしとなり、孤独な日々が続いた。黎央君の遺影とともにあてなく福島県内を車で回り、大小さまざまな滝で有名な鮫川村《さめがわ》の「江竜田の滝《えりゅうだ》」に行き、「黎央、ほら滝だぞ」と言いながら遺影と写真を撮ったり、桜が咲いている場所を見つけて一緒に写真を撮ったりしていた。

庄司さんは、6月12日の黎央君の一周忌の費用を稼ぐため、5月1日から養豚《ようとん》会社で働いた。毎日、一輪車で豚の糞《ふん》を片付ける作業を行った。臭《にお》いがひどく、重労働に足の具合も悪化した。給料が月末払いで、一周忌に間に合わせようと働いたものの、足の痛みはさらに増し、上にあがらなくなってしまった。仕事は1カ月で辞めた。だが、この1カ月分の給料で、なんとか一周忌を行うことができた。

一周忌は、南相馬市内の自宅近くの寺で行った。ほかに法要を知らせた人はおらず、庄司さんただ一人だった。静かに法要を終えた。

養豚場での仕事で無理をしたため、庄司さんは足をひきずって歩くようになった。生活費は北海道の施設にいる母の淑子さんが年金の中から送ってくれた。

庄司さんは独りで1年を過ごしたが、次の黎央君の命日が近づくと、死にたいという思いが強くなっていった。

19年5月には、南相馬署に死にたいと電話して、警察に連れて行かれ、警察署の保護房で朝まで過ごした。南相馬市の北にある新地《しんち》町から医師と看護師が来て、うつ病と診断した。

黎央君の命日の6月12日には、庄司さんは一人、自宅近くの田んぼのあぜ道を歩いていった。黎央君の後を追うために、死に場所を探し歩いた。警察に死にたいと再び電話し、警察に保護された。警察に精神科病院を紹介され、1カ月ほど入院した。北海道の高齢者施設にいた淑子さんは、庄司さんが自殺を図ったと連絡を受け、心配して施設を出て、南相馬市で同居することにした。

ないことにされる自死

私が、黎央君のことを知ったのは、2017年6月16日、NHKが流した「原発避難の中3男子自殺　新潟市教委が自殺の経緯・背景調査へ」というニュースだった。

原発避難の中3男子自殺　新潟市教委　自殺の経緯・背景調査へ

東京電力福島第一原子力発電所の事故で、福島県から新潟県に自主避難していた中学生が自殺し、市の教育委員会は、いじめやトラブルはなかったものの、自殺した背景を調べることにしています。

長岡市教育委員会などによりますと、原発事故で福島県から新潟県長岡市に自主避難していた中学3年の男子生徒が、今月12日、自宅で死亡しているのが見つかり、警察は自殺とみて調べています。

学校によりますと、男子生徒は授業の欠席はなく、いじめなど学校でのトラブルは確認されていないということです。

長岡市教育委員会の高橋《たかはし》譲《ゆずる》教育長は、きょう開かれた市議会の委員会で「将来ある生徒の命が失われたことは大変残念です。学校と警察の調べでは、学校生活でいじめやトラブルはなかったと承知しているが、何とか気付くことができなかったかという思いでいっぱいです」と述べました。

長岡市教育委員会は、男子生徒が自殺したいきさつや背景について調べることにしています。

長岡市教委が「いじめやトラブルはなかった」とコメントしていたのがひっかかった。避難者いじめは原発事故直後から起こり、私は被災者たちから「菌と呼ばれた」「福島さんと呼ばれた」「教科書を隠された」などと聞いてきた。しかし、それは子どもたちが進学するにつれ、時が経つごとに、徐々におさまってきていたように感じていた。

時期が気になった。２０１７年６月12日。２カ月半前に住宅提供が打ち切られていた。17年３月末の住宅提供打ち切りは、多くの避難者に精神的、経済的なダメージを与えていた。「避難生活で非正規の仕事にしか就けず、年収が下がっている。どうやって家賃を払っていけば」「子どもの学区を変えないように転居先を見つけたいが、私の収入で住めるところが見つからない」という悲痛な声を、私は聞き続けてきた。

打ち切りから１カ月後の17年５月には、東京に避難していた54歳の女性が自死した。

女性は原発事故前は、夫、長男、長女と４人で福島県郡山市に住んでいた。

11年３月、福島第一原発事故で郡山市も放射線量があがった。郡山合同庁舎東側入り口で４月１日午前０時に毎時２・52マイクロシーベルト。学校は子どもの外での活動時間を３時間に制限。プールを中止した。女性は自ら通学路などの線量を測り歩いて、１マイクロ以上という数値の高さに驚いた。事故前の20倍だった。家族に避難を提案した。しかし夫は反対した。

「国は安全だって言っている」

女性は夫と息子を残し、11年夏に中学生の娘と２人で東京に避難した。東京は女性が子どもを出産した場所で、土地勘があったからだ。

翌12年春、女性が子どもたちに内部被曝検査を受けさせたところ、娘からは検出されなかったのに、郡山市に残した息子からわずかにセシウムが検出された。

女性は息子も自分たちのもとに避難させた。

「お前は勝手に家を出て家庭を壊した」

夫は怒り、生活費を止めた。女性は「普通の家族だったはずなのに。私はものすごい過ちを犯しているのではないか」と自分を責め、「子どもたちを避難前より不幸にしてはいけない」と仕事を掛け持ちした。心身に疲労がたまるなか、「１日出勤すれば１週間分の食費になる」と踏ん張った。仕事は三つに増やした。

東京では周囲に避難者であることを隠した。相談できる人はいなかった。

住宅提供は1年ごとに延長が決まった。女性は毎年、今回は打ち切りになるのではないかと怯《おび》え、家探しをした。ついに福島県と政府が打ち切りを決めた15年夏、左手がしびれるようになり、左半身が動かなくなり、働けなくなった。医師には「心因性」と言われた。母親は、住宅提供が打ち切られて「私、死にたくないけれども死んじゃうかも」「私が死んでも、子どもたちにお金が渡るようにお願いします」と支援団体の瀬戸大作《せとだいさく》さんに話すようになった。そのたびに瀬戸さんは「とにかく、生きていこうね」と声をかけた。

しかし住宅提供が打ち切られた日の1カ月後、女性は神奈川県の公園で自殺を図り、意識を失っているところを見つけられた。病院に運ばれたが、脳死状態で、意識を取り戻すことなく、亡くなった。


新潟で自主避難の男子生徒が亡くなったこの件は、女性が亡くなってから1カ月後のことだった。

住宅提供の打ち切りは無関係だろうか。新聞もテレビも「いじめはなかった」とするニュースばかりで、真相はわからなかった。

首都圏や福島の避難者や支援団体に問い合わせたが、この件を知っている人は見つからなかった。もしかしたら、遺族には支援もなく、取り残されているのかもしれない。何か手がかりがないか、調べた。

厚生労働省は、震災に関連して自死した人の数字を「東日本大震災に関連する自殺者数」として毎月ホームページで公表している。2011年は55人、12年は24人、13年は38人、14〜17年は20人台で推移していた。亡くなった都道府県の内訳が公表され、これまで行政が自殺予防策に反映してきた。

岩手県では11年6〜9月に震災関連自殺で10人が亡くなり、県は震災関連の自殺を予防するための拠点として「こころのケアセンター」を久慈《くじ》、宮古《みやこ》、釜石《かまいし》、大船渡《おおふなと》の4市に設置した。

統計にカウントされていなかった避難者の自死

2015年になると、震災関連自殺は岩手、宮城は2桁から1桁に減ったのに対し、福島は2桁が続き、原発事故による先が見えない避難生活で、心身の状態が悪化している状況を示していた。各報道機関も〈震災関連自殺、昨年23人、福島が8割、生活不安影響か〉（16年2月1日付「日本経済新聞」）、〈震災関連自殺者は昨年21人　避難長期化も影響か〉（17年3月23日配信「共同通信」）などと報じてきた。

厚労省がインターネットで公表している「東日本大震災に関連する自殺者数」の表を見ると、宮城、岩手、福島、東京、神奈川などの都道府県ごとの枠が設けられ、亡くなった人数が記されているが、新潟県は枠そのものがない。つまり新潟県では1人も亡くなっていないことになっている。それだけではなく、14年以降は岩手、宮城、福島の3県以外の場所で亡くなった震災関連自殺者は1人もいないことになっていた。

新潟県の中学3年生だけではなく、神奈川県の公園で亡くなった54歳の女性も入っていない。16年1月に都内の東雲《しののめ》の国家公務員宿舎から飛び降り自殺した30代の避難者の男性がいたが、その人も入っていない。

定義には（1）自宅や職場が地震や津波で甚大な被害を受けた（2）避難所か仮設住宅に住んでいたことがある（3）被災地から避難してきた――などの5項目のうち1項目でも該当すれば震災関連自殺と認定すると記してある。3人は該当する。

なぜ、入っていないのだろう。

ホームページには手順も書いてあり〈警察庁は、都道府県警察において把握した震災による自殺である旨の報道の写しを厚労省自殺対策推進室及び自殺分析班に提供する〉とある。報道も重要な資料になるようだ。54歳の女性以外の2件はいずれも報道されている。54歳の女性は公園で発見された際、警察官が彼女の所持品を確認しながら「避難している人だ」と話していたと、私は公園職員から聞いていた。

知り合いの厚労省官僚に、この事態について聞いた。

「それはおかしいと思います。この制度は、震災関連で亡くなった人を広く把握するために、亡くなった理由を問わずに統計に含めるということになっていますから」

この官僚の言う通り、定義や手順がわかりやすく定められ、公表されている。自殺者は施策不足の証左でもあり、現に住宅提供打ち切りの影響で精神的に追いつめられ、亡くなった人もいる。

施策不足を隠そうというのだろうか。亡くなった女性について聞き歩いたが、支援団体の瀬戸さんは「自分は警察に『彼女は原発事故の避難者だ』と伝えた。知らないはずがない」と驚いた。ほかの、女性の友人らからも「統計にも入っていないなんて」「住宅提供が打ち切られたつらさがなかったことにされているようだ」と憤慨する声が相次いだ。

２０１7年11月下旬、厚労省自殺対策推進室に電話で問い合わせた。「返事をします」ということだったのに返事がなく、18年1月上旬に改めて問い合わせると、男性の係長が「私が担当者です。そのような問い合わせがあったことは、私は知りませんでした」と答えた。

私の問い合わせはどこで、止まってしまったのか。

――なぜ警察から情報が来ていないのですか。

「もう7年近くも経って、現場の警察署に避難者の自殺の情報を警察庁に伝えるという意識がないのかもしれないです」

さらに確認を進めようと思った。今度はきちんと伝わるように、係長のメールアドレスを聞き、なぜ統計に入っていない自殺者がいるのでしょうかと、18年1月9日に改めてメールで尋ねた。17日に係長から電話がかかってきた。

「（通常は）警察庁から原票をもらって、それをこちらで確認しています。警察から情報があがってきていない以上、こちらから聞く機会もありません。情報共有の場もない。それは警察に聞いてもらわないとわからないです」

淡々と、警察に取材するよう促す。しかし、そもそもデータをまとめ、発表している厚労省が責任をもって対処すべき話ではないだろうか。

もう一度、質問状を送ろう。

1月24日、厚労省の係長にメールを送った。今度は、証拠として新聞記事を添付したところ、同30日に対面で取材に応じてくれることになった。


「どこまでそういう人たちに――」


厚労省の係長は「会議室がないので」と霞が関近く、帝国ホテルの隣の喫茶店を指定した。午前11時過ぎ。ジャズが流れている店内に、まだ客は少なかった。

通常の取材を官僚に申し込んで、官舎の外を指定されることは珍しかった。背の高い男性が、一人であらわれた。

「青木さんからご指摘のあった3件のうち、新潟の方については、来月、数字が修正されます」

――わかりました。

私はコーヒーカップを置いて、小さく息を吐いた。添付した新聞記事から明らかだったためだろう。

「警察庁と電話で話しましたが、『警察庁の把握が遅れた』と話していました。原因については何も言っていませんでした。もう1件は事実確認中です。確認が取れしだい、統計に入ることになると思います。神奈川の件は『特定する情報が無く、わからない』との回答でした」

がっかりした。またたらい回しだ。

――統計は厚労省の所管ですので、そちらで確認してください。神奈川の件について詳細をメールします。お調べいただければと思います。

「わかりました」

係長は少なくとも、嘘《うそ》をついてごまかそうとする風ではなく、言ったことはやってくれそうな雰囲気だった。

私は続けた。確認しなければならないことはたくさんあった。

――今回、どうしてカウントされていなかったのでしょうか。

「岩手、宮城、福島の被災3県以外の都道府県警から情報があがっていない、ということかもしれません。想像になりますが、震災から時間が経ってしまい、『震災関連自殺の統計をとっている』という引き継ぎがされていないのではないでしょうか」

時間が経ったから……。

――2014年以降、被災3県以外で亡くなった方がゼロになっているのは、震災から3年が経って以降、各県警でデータを収集しないことになっていた、ということでしょうか。

「それは警察に聞いてもらわないと」

――福島県の調査では、福島県内に避難した方で不安障害やうつの傾向が高い人の割合は日本人平均3%の2倍の6%となっており、さらに県外に避難した方は3倍の9%という結果になっています。県外で亡くなった避難者がゼロという数字が続いているのは不自然です。県外で亡くなった方はまだいらっしゃるのではないでしょうか。データ自体の、全体の洗い直しが必要ではないでしょうか。

彼は口をつぐんだ。

「それは難しいですね……」

厚労省は警察に強くは言えないということだろうか……。

考え込んでいると、彼はぽつりと言った。

「どこまでそういう人たちにおつきあいしなければならないんですかね」

――そういう人たちとは、避難者、ということですか？

「はい。もう『移住者』になっているのではないですか」

官僚の人たちが時々口にする言葉だが、そのたびに落ち着かない気持ちになる。

私は、言葉を選びながら答えた。

――東京都の調査だと、住宅提供打ち切りのあと、月の世帯収入10万円以下で暮らしている人たちが3割近くです。「生活が維持できるのか不安だらけ」と回答しています。まだまだ帰れない、支援が必要な状況にあるということだと思います。そもそも避難者として数えなくていいという方は、自ら避難者登録を外すことができます。

「どうして帰らないのですか」

——政府の調査では「医療環境が元通りになっていないから」「生活環境が整っていないから」「すでに避難先で新しい生活をしているから」という答えが多くなっています。

避難者の現状が霞が関には伝わっていない。それがこの、被害の実態をつかもうとしない姿勢にあらわれているのか。それは彼だけではなく、警察庁、警察署も同様なのかもしれない。この制度の定義も、手順も公表されている。数字はすぐに修正できたはずだ。

これまで避難者が顔と名前を出して発言すると「賠償金で暮らしているんだろう」と誹謗《ひぼう》中傷にさらされ、匿名でしか取材を受けられなくなり、やがては匿名でも口をつぐんでしまう。そうやって避難者たちの声がかき消されていった結果、こういう事態になっているのだろうか。報道はどんどん減っている。それは実態を伝えられていない私たちのせいだとも、思った。

厚労省の男性係長が帰った後、カフェにとどまって係長への質問状を書き始めた。

〈平成26年以降、被災３県以外で発生した震災関連自殺者がゼロになっています。今回、統計から漏れている３件はいずれも被災３県以外です。各都道府県において、ほかにも統計漏れがないかどうか、調査されるご予定はないでしょうか。また、今後、各都道府県警に注意喚起をされますでしょうか〉

私が気づいたものだけで３件が３件とも漏れていた。数えられていないのがこれだけとは、とても思えなかった。

翌日、男性係長から電話がかかってきた。

「神奈川の件は警察庁に確認を求めています」との連絡だった。

――すぐ直りそうですか。

「すぐというのは難しそうです。すごく腰が重い感じで……」

実際にあった出来事を正しく統計に加える、ということはそんなに難しいのだろうか。

――警察庁全体で情報共有し、「漏れがあったので今後は気をつけましょう」とはならないですか。

「警察との情報共有の場がないので難しいですね」

――厚労省と警察庁が同時に出る会合がないということですか。

「はい」

――では、事務連絡として文書を警察庁内で流してもらうことはできませんか。

「難しいですね」

難しい、難しいの繰り返しで、とりつく島がなかった。知り合いの厚労省職員に聞いてみると、こう言った。

「仕事の優先順位が低いという判断ではないでしょうか。ほかの災害もあります。震災関連自殺と認定した人の遺族には災害弔慰金《ちょういきん》の案内をする、などの次の行動が警察に義務づけられていないのも一因かもしれません」

2月19日、厚労省のホームページを見ると、震災関連自殺統計に「新潟県」の枠が新たにつくられ、「１人」「20歳未満」「男性」「学生・生徒」と記されていた。新潟の中学生の自殺が、加わった。厚労省に電話した。

――ほか２件についてはどうなりましたか。

「２件についても３月下旬に統計を直します」

――３件はなぜ漏れていたのでしょうか。

係長は、それぞれの理由を淡々と説明した。

新潟の中学生は、「県警に『避難者の自殺を報告する』という認識がなかったようだ」。公務員宿舎で亡くなった30代男性は無理心中に近く「事件だから避難者自殺の統計に入れるという認識がなかったようだ」。54歳の女性は「捜査上の秘密だが、住まいを転々としていた人なので避難者自殺を届け出なければならないという認識がなかった」との答えだった。

徐々に統計は直っていった。亡くなった女性を支援していた瀬戸さんに統計が直ったことを電話で報告すると「そう。直ってよかった」と、少し安堵《あんど》したような声に聞こえた。

一方で、その後、私のもとに「自分の知り合いの息子さんが神奈川県で亡くなった」「知人が都内で飛び降りて亡くなった」と、具体的な情報が寄せられたが、いずれも統計になかった。

厚労省の係長にも示したように、福島県外に避難した人の方が精神的に厳しい状況にあるという調査結果がある。

福島県が、避難指示などを受けた12市町村の震災当時に住民だった人々に毎年行っている調査だ。２０１９年2月から10月にかけて約18万人を対象に実施した調査では、いまだに1万人以上が重症精神障害相当と推定される結果となった。全国平均では３％のところ、回答した３万６７４人のうち、５・７％が重症精神障害相当との結果で、倍近くだった。そのうち県内が５・３％で県外が８・１％と県外の方が圧倒的に高い。私が厚労省の係長に質問した当時に最新のデータとして公表されていた16年の調査結果では、県内が６・６％、県外は９・７％と、県外が高い傾向はより顕著《けんちょ》だった。

県外の方が精神的に苦しいという結果が出ているのに、14年以降、私が指摘した３件を除くと、被災３県以外の震災関連自殺者の統計は21年1月時点でもゼロのままだ。

避難者による自殺の実態がわからなくなっている。

岩手県では11年６〜９月に震災関連自殺で10人が亡くなり、12年2月、県は震災関連自殺も踏まえてケアセンターを設置した。県外避難者からは「相談窓口がない」という声を聞く。実態がわからないということは、必要な支援が行われずに放置されることにならないだろうか。

ようやく統計に載った、新潟県長岡市の中学生の死。

遺族にお会いしたい。考え続けていたときに、フェイスブックでメッセージが届いていた。２０１８年に友達申請があってつながった長岡市の男性からで、19年秋に、都内に来る、とのメッセージだった。長岡市の人なら何か知っているかもしれない。

事情を話して19年秋に渋谷区内の飲食店で会い、男性とその知人と一緒に昼食を食べた。知人が、中学生の一家とつきあいがあった。知人に、ゼロにされていた厚労省の自殺者統計の修正を求めたことを話した。

「そうなんですね。統計を直してくれたんですね」

知人は、うなずいてくれた。

――できれば、ご遺族に話したいのですが……。

知人から中学生の父親の携帯番号と、庄司さんという名前を教えてもらうことができた。父親は、南相馬市に戻り、一人きりで暮らしているとのことだった。

――ご紹介いただけないでしょうか。

「いま、どんな精神状況かわからないので、それはちょっと難しいです」

――ではどなたから番号を伺ったかを伝えることも……。

「話さないで下さい」

庄司さんの鬱症状

息子さんを亡くされた父親――。知人の話しぶりから精神状況が非常に悪いことが窺《うかが》える。得たのは携帯番号だけ。見知らぬ記者が電話をかけても出ないか、「話せません」と電話を切られて終わりかもしれない。なるべく負担がかからないよう、一度電話をして、迷惑そうであればすぐにあきらめよう。

２０１９年12月８日、スマホで教えられた携帯番号にかけてみた。午前11時だった。何回かのコール音ののち、「庄司です」と男性の声が聞こえた。

電話の向こうで、庄司さんは語りだした。

「亡くなったばかりのことをいつも思い出すんです……。なんで死ねないのかなと毎日考えている。その方が楽だよなと……。余計なこと考えなくて良いし。食べる気がしなくて今でも3日に1食ぐらいしか食べられないんです。今でもこの話をすると体が震えるんですよ。毎日、線香をあげています」

1時間以上にわたって、泣きながら話し続ける。私はかける言葉を見つけることができなかった。

「がんばってやらないと、と思うんだけど、足が痛くて歩けなくなったりもした。がんばらなくちゃと思うけれども、就労もいまだできない……1、2年で立ち直れと言われても、おれには無理だもん。『もういない』ということが信じられないんだよね。そんな感じで毎日、日々を生きています。母親は80代で要介護2。年金生活で、北海道の老人ホームにいたけれども、今年6月の命日に自分が自殺未遂をして、それからこっちにきて」

働かなくてはと思っても、体が動かない。この状況でまた前を向いて働けという方が無茶《むちゃ》な話ではないだろうか。

――初めてのお電話でこんな話をするのは大変恐縮なのですが、生活保護は考えないですか。

「いや、私なんて……」

すごく抵抗感があるような声だった。

──それだけご苦労されているんだから。

「いや……」

これが実態だ。生活保護が必要と思われる人が、躊躇《ちゅうちょ》してしまう。

──ほかにも障害者手帳や障害年金の制度があります。お医者さんに相談されてみてはいかがでしょうか。いまはお医者さんにはかかっていますか。

「足が痛くてかかっているほかは……」

──精神科には？

「行ってません」

私は、彼には専門家のケアが必要だろうと思った。

翌日、庄司さんから電話がかかってきた。泣いていた。

「……青木さん、もういいかなって」

──いいかなってどうされたんですか。

「もう今年いっぱいかな、って、思うんですよ。80代の母親の年金を食いつぶして生活しててね。息子に死なれて。自分ってなんだろうと思って」

昨日の電話でも、働かなくちゃいけないけれども働けないと、苦しさを繰り返し吐露《とろ》していた。

「青木さん、南相馬市は、山のほうに行くと、いい枝っぷりの木があるんですよ」

自死するための話をしている。

「お話を伺いに行くので、待って下さい。また電話しますから」

「年は越さないかもしれません……」


精神的ケアで思い当たったのは、南相馬市の北に隣接する相馬市で被災者の心の支援にあたっている精神科医の蟻塚亮二《ありつかりょうじ》先生だった。蟻塚先生は、沖縄戦のＰＴＳＤで苦しんだ人たちを診てきたが、東日本大震災の被災者を診るため、２０１３年に相馬市の「メンタルクリニックなごみ」院長に赴任した。私は彼とフェイスブックでつながっていた。

電話を切ったあと、蟻塚先生にメッセージを送ると、すぐに返信がきた。

〈当院にお出《い》でください。12月の予約はほぼ埋まっていますが、確か12月19日午後が空いているはず〉

早い対応がとても有り難く、再び庄司さんに電話した。

――被災者の診察をしているお医者さんが相馬市にいるのですが、行かれませんか。

「医者？　話しても誰もわかってくれないもの。誰もおれの気持ち、わからないでしょ」

――長く被災地の支援をしていて、信用出来る方です。

電話番号を伝えた。

庄司さんはゆっくりと番号を書き取った。何度も間違えては、聞き直した。２、３分かかった。

蟻塚先生には、「連絡が行くかもしれないので、よろしくお願いします」と伝えた。

しかし、庄司さんは電話しなかった。蟻塚先生は言った。

「本人が来ないことには、難しいですね」

早く会いに行こうと心に決め、庄司さんを取材する記事の企画を立て始めた。

ようやく企画がとおった20年1月下旬、アポイントを取ろうと、電話した。

ところが、庄司さんの電話は、何度かけても留守電になるばかりだ。

「年を越さないかもしれない」と庄司さんが言っていた。

私は、間に合わなかったのだろうか。

警察に保護され、措置入院

携帯電話にかけても留守電になる状況が３日間、続いた。

南相馬市周辺にある消防署や警察署に電話したり、市内の病院に入院しているかもしれないといくつか問い合わせたが、庄司さんの安否はつかめなかった。

もしものことがあったら。庄司さんの母親である淑子さんの携帯番号を聞いていなかったことを後悔した。

４日目の日中、庄司さん本人から電話がかかってきた。

「すみません。電話いただいていて出られなくて。警察の相談電話＃９１１０ってあるでしょう。それで『死にたい』と話したら、措置入院させられたんです。それで電話できなかったんですよ」

庄司さんは、1月25日に南相馬市の自宅から約70キロ南にあるいわき市の病院に運ばれ、入院させられていた。自殺する恐れがあるとして、本人の同意を必要としない措置入院だった。

まさか、いわき市とは。南相馬市のある「相双《そうそう》」と「いわき」では二次医療圏も異なる。相双地域の精神科5病院中、3病院（小高赤坂、双葉、双葉厚生）が原発事故後、休止状態になっていることが影響しているのかもしれない。

「入院は必要ないって言ったんですけど、ワゴン車に乗せられて運ばれました」

――1時間半ぐらいかかりますよね。

「はい」

庄司さんは警察署に連れて行かれ、一度は地元の病院に向かったものの「きょうの当番はいわきの病院だ」と言われて、いわき市に運ばれたという。

「あと1週間で退院という話でした」

――いわきだと、退院したあとに南相馬からは通えませんよね。

南相馬市からいわき市までは福島第一原発の横を通る。ふだんなら1時間半だが、いまは除染ではぎとった土を運ぶ大型トラックや工事車両で混み合っており、2時間近くかかることもある。

「はい」

退院後のケアはどうするのだろうか。

――蟻塚先生の所に行きませんか。

「自分には病院は必要ないです。入院する必要もないんですよ。なのに入院させられて」

庄司さんは繰り返す。声が少し明るい感じなのは、薬の作用だろうか。

現時点での説得は難しそうだ。蟻塚先生に相談したところ、「退院したあとは、ケア態勢がとられるはずです」という答えだった。

――2月に会えませんか。

新聞での企画は4月に掲載する予定だった。記事のためには少し早いかもしれなかったが、心配で早く会いに行きたかった。

「わかりました。いらっしゃる1週間前に電話を下さい。そのころには退院しているはずです」


約束の2月上旬を待って、電話した。

電話はつながらなかった。もしかしてまだ入院中かと、いわき市の病院の代表番号に電話したが、「患者に関することはお伝えできません」と返され、教えてもらえなかった。

細い細い糸。また心配になってきたが、しばらく時間をおいて庄司さんの携帯電話にかけ直すと、つながった。

「庄司です」

――退院されましたか。

「はい、退院しました」

――あの、病院から、退院後はこの医療機関で診てもらって下さい、とは言われていませんか。

「ないです」

ケア態勢は、とられていなかった。

県は「福島県措置入院者退院後支援マニュアル」を定めており、保健所が、入院先病院の意見を踏まえて退院後に医療等の支援を行う必要があると認めた対象者のうち、同意が得られた者を支援すると定めていた。しかし、病院には庄司さんは、「自宅療養」と判断されていた。支援が必要とされなかったのだ。どうしたら支援につなげられるだろう。

蟻塚先生が院長を務める「メンタルクリニックなごみ」を運営するＮＰＯ法人は、南相馬市で「相馬広域こころのケアセンターなごみ」を開設している。この二つの「なごみ」の活動がＮＨＫの番組で取り上げられることが蟻塚先生のフェイスブックに書かれていた。テーマは被災地での心の医療。ちょうど庄司さんの家に行く日の午前中に放送予定だった。

庄司さんに電話した。

――前にお話しした、蟻塚先生がＮＨＫに出ます。できれば見ておいて頂けませんか。

彼が蟻塚先生に信頼を持ってくれれば、少しは先に進めるかもしれなかった。

ようやく庄司さんのもとを訪ねる日がきた。２０２０年2月16日だった。

南相馬市は、３月14日の常磐《じょうばん》線富岡《とみおか》―浪江間の運転再開で沸き立っていた。

中心部にあるＪＲ原ノ町《はらのまち》駅のホームには、仙台と上野・品川を結ぶ特急「ひたち」に使う車両Ｅ６５７系が止まっていた。駅を出ると、10階建てのホテルが建築中だった。

このホテルは、創業１５０年以上の歴史を誇る相双地方を代表する老舗ホテル「ホテル丸屋」が常磐線開通にあわせて開業する新館「ホテル丸屋グランデ」だった。駅前でレンタカーを借りに行くと、「常磐線特急、運転再開」とチラシがカウンターにおいてあった。

にわかに活気づいているように見えるが、その一方で、市内の人口は25％減り、約６千人が避難したままだ。少子高齢化が進み、65歳以上の人の割合が２０１０年国勢調査では25％だったものが15年には32・６％に増加し、15歳未満の若者が13・７％から８・６％に減少した。

放射能の問題も根強い。

南相馬市では市民から持ち込まれた自家用の食品の放射能分析を行っている。19年秋には柿やユズから、基準超え（１キロ当たり１００ベクレル）のセシウムが検出された。いずれも出荷制限は解除されている。子育て世代からは子どもに自宅周辺で獲れたものを食べさせられないからと、汚染を恐れて帰るのをためらう声が聞かれる。南相馬市で黎央君の一周忌法要を担った僧侶は、子どもと孫が仙台市に行ったままだと私に話していた。

黎央君への寄せ書き

レンタカーを借りて、10分ほど。幹線道路のすぐ近くに庄司さんが住む家はあった。

インターフォンを鳴らすと、庄司さんが玄関のドアを押しあけ、「ああ、どうぞ」と弱々しい笑みで迎えてくれた。ダイニングテーブルの奥に、赤いカーディガンを着た母親の淑子さんが座っており、笑顔を向けてくれた。

――はじめまして。よろしくお願いいたします。

仏壇にお参りさせてもらう。仏壇の左側の壁には、長岡の中学の生徒たちから黎央君への寄せ書きや手紙が長方形の大きな白い額縁《がくぶち》に入れて飾ってあった。あわせて50~60人分だろうか。細かい字でびっしりと書いてあった。

手紙は黒いペンで、色紙《しきし》の寄せ書きは、黎央君に見やすいようにか、隣の人と別々の色になるように、黒や青、ピンク、黄色など様々な色のペンで書かれていた。

〈俺の人生に彩りを与えてくれたのは黎央でした。大事な親友でした〉

〈今もすごいれおに会いたいよ。またれおの絵もみたいな〉

〈面白い話とかたくさんしたし、笑わせてくれてありがとう〉

仏壇の左側には黎央君の友人たちからの手紙や色紙が飾られている＝2020年2月16日　福島県南相馬市、庄司さんの自宅

友達の思いが綴《つづ》られている。

「同学年の子たちですね……」

庄司さんが言って、手紙の一部を指さした。縦書きの便箋《びんせん》に、黒いペンで黎央君への思いが書かれていた。

「ここにね、こんなこと書いてあるんですよ。〈家に行ったとき、お父さんが笑顔で、いらっしゃいって声をかけてくれたのが、その日一番うれしかったことかな〉って」

庄司さんの口に少し笑みが浮かんでいた。

避難先の家を、子どもたちにとって安心して過ごせる居場所にしようと、庄司さんが努めてきたこと、家に遊びに来た黎央君の友達も楽しんでくれていたこと――そんな当時の子どもたちの笑顔を思い出しているかのようだった。


居間に戻り、庄司さんは、黎央君との日々を教えてくれた。

「黎央は、争いごとが嫌いな優しい子でした。友達もいっぱいいて……」

住宅提供打ち切りで、離ればなれになり、その3日後の朝、長女から電話があったこと。黎央君のほおを叩《たた》いたが、まだやわらかかったこと――。

庄司さんの目から涙がこぼれ、右手でぬぐう。

「建物やハードを復興させたって、生きている人たちの精神を復興させなかったらどうにもならないと思うんですよ。建物を建てればいいってものじゃないでしょう。違う方向に行っているんじゃないかなと思います。復興に使うお金を被災者にまわした方がいい。あと半年、1年、住宅提供を延ばしてもらえば、あの子は亡くならなかったでしょう。自治体があっち行け、こっち行けと言って、子どもたちがようやく友達もできてなじんだときに、住宅提供打ち切り。二重生活しなければならなくなった。その矢先だったからね。政府や県は自治体の人口を戻したくて住宅提供を打ち切ったのでしょうが……」

　庄司さんの言うとおり、私が入手した内閣府と福島県の協議文書では、内閣府職員が〈被災地以外でさえ過疎化でどんどん人がいなくなっている。福島はそれに加えて原発事故の関係もあるため、インセンティブになることを示すことも重要だ〉と話しているくだりがある。2017年3月、小池百合子《こいけゆりこ》知事に原発避難者の支援をしないのかと私が定例記者会見で質問すると、小池知事は「被災地は『ぜひ戻ってほしい』というような意向もあります」と返答した。

　新潟県の調査では、打ち切り時点で民間賃貸住宅に住んでいた82・3％が自分で家賃を払ったり、新たな住宅に移転をして新潟県内にとどまり、帰還したのは15・8％だった。東京都の調査（17年7、8月）では66・9％が都内に残り、福島県に戻った人が26・2％だった。

　住宅提供の打ち切りが再三の家族離散につながっているのが現実だ。横浜市に避難していた夫婦は、打ち切りで家賃を払えなくなるからと、妻はワンルームに引っ越して市内に残り、夫は浪江町に帰った。浪江町の男性は長男と一緒に都内に避難していたが、家賃の工面に苦慮し、息子と離れて都外に暮らすことになった――原発事故による避難と住宅提供打ち切りで、離ればなれの生活を余儀なくされた家族は数限りない。

庄司さんは続けた。
「何でこうなったのかと思うと、東京電力かな、と思うんですよね。息子が亡くなったとき、東電に『息子が亡くなった』と連絡したら、社員2人が家に来て、線香を持ってきた。そのときはこちらの話を黙って聞いている感じだったんですよね。その1週間後に再び来たんですよ。『本店（本社）に判断を聞いたら、弁護士をたててADR（原子力損害賠償紛争解決センター）に訴えてほしいということになりました』と言われて、『は？』と言ったんですが、東電は『判断いたしかねますので』と。ああこりゃだめだなと。時間もお金もかかるし余裕もないし。あきらめるしかないと……」

東電が賠償に応じてくれない場合、国の原発ADRに和解仲介の申し立てを行うことができる。弁護士らが和解に向けた話し合いを後押しする。2019年までに2万5545件の申し立てがあり、77％が和解した。庄司さんが言うのは「お金と時間」。ADRのホームページには6割のケースが弁護士をたてずに申し立てられているとある。弁護士をたてて、という東電の説明は、まるで初めから訴えをあきらめさせようとしているかのようだ。

遺書がないため難しい案件かもしれないが、私が福島市の弁護士に聞いたところ、「震災関連自殺とは認められているので可能性はある」とのことだった。

一方で、ADRが和解案を出しても東電が拒否して打ち切りになった訴えは14年以降で127件あり、問題にもなっていた。

――いま、一番の願いは何ですか。

「原発事故は終わっていないんだ、ということは言いたいです。いまでも毎日つらいですよ。（死を）代わってあげれるのなら代わってあげたい。いまも3日に1度しかご飯を食べられないんです。全部、自分が悪いんだけどね。いてあげられない状況にした自分が悪いんです。SOSを出してたんでしょうけれども、気づかなかったもんな」

庄司さんの目から涙が流れ落ち、庄司さんは右腕の袖《そで》で涙を拭《ぬぐ》った。

クラスの人気者だった黎央君

黎央君はなぜ亡くなったのだろう、と、庄司さんは問い続けている。

仏壇の横にあった手紙や色紙が思い浮かんだ。

——申し訳ないのですが、子どもたちの手紙を見せてもらえませんか。

「いいですよ」

庄司さんは、仏壇の横の額縁を居間に持ってきてくれた。

額縁の留め金を、慎重に外し、手紙を一枚一枚、丁寧に取り出す。

手紙は20通ほど。そして、色紙が3枚あった。黎央君が小学3年生の2学期に長岡市に転校してきてから、小学、中学と6年間、ともに過ごした子どもたちの記述も多かった。

便箋には、びっしりと細かい字が書いてあった。

〈ねえ、どうしていなくなっちゃったの〉〈ちゃんと相談とかしろよ〉〈何かあったら言ってよ〉〈どうしてって気持ちで一杯です〉

子どもたちの言葉は疑問から始まっている。どれもこれも。誰も、理由がわからないようだ。小学校時代のサッカークラブのことを振りかえる記述もあった。小学校のころは、体が横に少し大きかった。

〈サッカーでシュートを体で止めてたよね〉〈またゲームとかサッカーしたいな〉

小学校のときに所属したイラストクラブや、中学校の美術部など、黎央君がイラストやマンガを描いて楽しませていた話もたくさん書いてあった。

〈ポケモンの画力はピカいちね！〉〈まだ絵をもってるよ〉〈優しくユーモアなギャグセンスでぼくたちを笑わせてくれた〉〈自作のマンガ（ジャガイモの）を見せてくれたりもしたね。あれ結構好きだったよ〉〈美術部でおもしろい絵をかいてくれてみんなのことを笑わせてくれて、本当にありがとうね。美術部がうるさくて仲が良い部活にしてくれたのはれおのおかげだったよ〉〈れおのいない美術部なんてぜんぜん楽しくないんですけど〉〈美術の時間に段ボールアートを手伝ってくれてありがとう。おかげでお気に入りの作品になった〉〈塾でわからなかったところまた教えてほしいんですけど〉〈大好きだよ〉

たくさんの愛情にあふれた言葉。こんなに愛されていたのに、なぜ、死を選んでしまったのだろうと思った。まだまだ多くの言葉が書いてある。

〈アニメ好きだけどずっとだまってた。でもれおはアニメが好きなのとか堂々と言っててさ、こいつすげーなって思った。れおがいたからおれもアニメ好きとか言えるようになった〉

サッカーや絵がうまいだけではなく、みんなを笑わせようとしていたこと、ムードメーカーになっていたことがうかがえる。

大親友という男の子は〈希望が丘にきてくれてうれしかった。独りじゃなくなった。おれをすくってくれたのはれおだった。夏休みにディズニーランドに行こうって言ったのに〉と記していた。

〈中二の頃、一緒に遊んでて先生に30分ぐらい怒られたね。でもいい思い出だよ〉〈これからもたくさん話したかった〉〈気付いてあげられなくてごめんね〉〈苦しんでいたんだね〉〈相談とかしてあげられれば〉〈すっごく泣いたよ。戻ってきてよ〉

どの子も思い出や謝罪の言葉を寄せている。

最後の2カ月を過ごした中学校教諭の書き込みもあった。

〈黎央さんは絵が上手でプリントに書いたり机に描いたりして叱ったこともありました。そんなやりとりができなくなって、本当にさみしい気持ちでいっぱいです〉

本当に絵を描くことが大好きだったのだ。


記されていた言葉の中で、気になった言葉があった。黎央君が、長岡市に来た当時についての記載だった。

〈最初の印象は静かで話しづらそうな感じだった〉〈初めてあったとき、話しかけてもそっけなかった。「福島の友達がいい」「福島に帰りたい」と返答に困る言葉ばかりで〉〈5年前に

「こっちっていじめがひどいんだね。福島ではひとつもなかったよ。みんな優しくて」って普通に言っているようだったけれど本当は不安だったんだと思う〉

この話は、庄司さんの認識と少し違った。

黎央君は小学3年の夏休み明けから希望が丘小学校に転校してきた。

庄司さんは、「避難者ということは学校で言っていなかったと思う」「避難してつらいとはひとことも言わなかった」と電話で言っていた。

だが実際には、長岡市に来た当初は福島の友達が恋しくて黙り込み、黎央君は話しかけづらい印象だったのだ。

黎央君は、親に心配をかけまいとしたのだろうか。

私は、これまで原発事故で避難してきた幾人もの親子から話を聞いてきた。

東京都内に避難してきた、黎央君と同年代の少年がいじめにあっていた。「菌」と呼ばれていた。しかし母親は、当時は息子からいじめのことをあまり聞かなかったと言い、「たぶん、我慢してたんだと思います。親がいっぱいいっぱいだったから」と話した。

親が避難でつらい思いをし、明日もわからない不安の中で過ごしているとき、子どもはじっと我慢して沈黙してしまう。

新潟県が委託した宇都宮大学「子育て世帯の避難生活に関する量的・質的調査」では、母子から、子どもが頑張りすぎたという体験が寄せられていた。

〈親に心配をかけないように子どもが頑張りすぎた、子どもが相談できる場所が欲しかったという声も聞かれる。私の生活は何度も破綻《はたん》しました。子どもは、「いいんだよ、しょうがないじゃない」って言ってくれるけど、私の何倍もつらい思いして、いろんなことをもぎ取られているのに我慢しています。小さい頃からの習い事も、全てもぎとられました。病気や、経済的な理由で。いじめもありました。私は何だかんだ吐き出すこともありますが、子どもたちは、そういう支援ともつながってないから、「傾聴」とかそういうのもないし、自分で抱えたまま、ただ自分で受けとめています〉

黎央君も、つらい姿を親に見せなかったのだろうか。

私は、手紙から顔をあげて、庄司さんに話しかけた。

――庄司さん、黎央君は、転校当時は「福島に帰りたい」と言っていた、と書いてあります。

「……そうだったんですね。つらくて、あまりその手紙も読んでいないです」

庄司さんは視線を床に落とした。

――でも、すぐに同級生やゲーム仲間に溶け込んでいたようです。ポケモンの絵を描いてみんなを楽しませていたって。

「そうなんですね。家では、友達と楽しそうにしていました」

友人関係に悩んでいるような記述はなかった。つらさを我慢することを身につけていた黎央君。あのとき、彼を苦しめていたもの。それは同級生たちが庄司さんに告げた「『お父さんがいなくて寂しい』って言ってました」ということだろうか。生まれてからずっと一緒だった父親との別離。父親がどうしたら子どもたちを守れるかと、2年間も苦しんでいるのを目の当たりにしてきて、「行かないで」とは言えなかったということだろうか。

庄司さんは小さくうなずいて、ため息をついた。

「ほんとに。子どもの命を守ってやれないばかな親だよね。この子も溜《た》めてたんだよ。たぶん。余計な心配をかけないように……」

庄司さんは涙をぬぐいながら言った。

「タイムマシン、誰かつくってほしい。前の日におれを送ってほしい。そんなことばっかり考えている」

庄司さんは黎央君の遺影を手に、語りかけた。

「タイムマシンが出来たら、お父さんはすぐ前の日に帰ります。あなたの死を防ぎます」

気づくと、午後7時をまわっていた。

「青木さん、よかったら……」

庄司さんは、台所にいって、コンロの鍋に向かった。

「これ、イカジャガっていうんです。ほら、福島名物の『イカ人参《にんじん》』ってあるでしょ。人参をジャガイモにしたものです。妹が北海道で農園をやっていて、ジャガイモを送ってくれたので」

南相馬市の自宅で、亡くなった長男の黎央君について語る庄司範英さん＝2020年2月16日

鍋に黄金色のジャガイモと白と赤のイカの煮物がいっぱい入っているのが見えた。イモは崩れない程度にやわらかく、ほくほくで、イカのうまみが染みこんでいた。

黎央君はお父さんの料理が大好きだった。同級生たちが書いた手紙によると、ジャガイモのマンガも書いていたようだ。

私の故郷の北海道を思い出す。私は自分たち家族で育てたジャガイモをよく食べていた。

この日、私は、庄司さんたちはほとんど外食をしていないだろうと思い、お土産に仙台駅で駅弁二つを買ってきていた。淑子さんは「ああ、いいの？　ありがとう」と喜んでくれた。2人がお弁当を食べて、私がイカジャガ。小さなダイニングテーブルを3人で囲んだ。庄司さんは、言葉少なだ。

淑子さんはしっかり食べているが、庄司さんはごはんもひとくち、ふたくちで、あまり口に運ばなかった。

——お母さんも心配でたまらないですよね。

「そうですそうです。急に夜中に連絡くるんだもの。『警察ですけど保護しました』って」

淑子さんはうなずく。お母さんにしてみたら生きた心地がしないだろう。心配で施設に戻らず、とどまっている。

——お母さん、庄司さんの障害年金を申請されたらいかがかと思うんです。それと、災害により亡くなった震災関連死として災害弔慰金も。

「え、出るんですか」

――審査がありますが、出る可能性があると思います。

初診が２０１７年、それから症状が固定して何度も入院しているとなると、出る確率が高いように思えた。月々決まったお金が入るようになれば、庄司さんの心を苦しめている、「お母さんの年金を食いつぶしている」という自責の念からも解放される。

そして、震災関連自殺の統計の話をした。

――弔慰金が出る震災関連死と、震災関連自殺は定義も認定する組織も違いますが、黎央君は、震災関連自殺とは認められたんです。

「そうなんですか」

庄司さんは少し、驚いていた。

私はノートパソコンを開き、厚労省の震災関連自殺の表に元々「新潟県」という枠がなかったのが後で新設されたことを、二つの表を見せながら説明した。

「本当だ。ありますね」

――亡くなったのは、庄司さんのせいじゃないと思いますよ。

庄司さんはうなずいた。こわばっていた表情から少し力が抜けたように見えた。自分のせいだと責めてばかりいた庄司さんが一番ほしかったのは、原発事故のために亡くなったのだという裏付けだったのかもしれない。

しつこく言って統計を直した甲斐《かい》があった、と思った。

――蟻塚先生が出たテレビ番組、ご覧になりました？

庄司さんを、早く、専門的な治療につなげたいというのも、今日の重要な目的だった。退院したばかりで医療的ケアがない、というのは危険だ。

「見ました。なごみさんね。有名なところですよね」

庄司さんと、事前に話しておいたＮＨＫ番組の録画を見た。この日の午前に放映されたものだ。

私が庄司さんに紹介しようと試みた相馬市の「メンタルクリニックなごみ」院長の蟻塚亮二医師や、南相馬市の「相馬広域こころのケアセンターなごみ」センター長で看護師の米倉《よねくら》一磨《かずま》さんらが出演し、被災地のアルコール依存などの患者にどう向き合うかを描いていた。番組は、原発事故被災地では苦しんでいる人たちが多くおり、長い支援が必要であることを伝えていた。

淑子さんは、ダイニングで座って番組を見て、呟《つぶや》いた。

「あのね、同年代の人たち、70代の人や80代の人と話すと、みんな早く死にたいって言うのよ。死んだ方がいいって。何で生きているんだろうって」

蟻塚医師も、「未来がよくなるという見通しがなく、死にたいという高齢者が増えている」と指摘していた。

庄司さんが、まるでスケジュールを話すかのように言った。

「青木さん、次はあれですね。６月12日の命日ですね。それまで生きていないかもしれないです」

前述したように、庄司さんは前年の命日に、死に場所を探しに外を歩いているところを保護されて入院している。

私は庄司さんに話した。

――蟻塚先生に相談してみませんか。

「うーん。でも……」と考え込んでしまった。

庄司さんは、医師でも結局他人だから、わかってもらえない、と不信感を抱いているようだ。

――では、私が、先生のところに行って聞いてきていいですか？　庄司さんのことをお話ししてもいいですか？

「ああ、いいですよ」

蟻塚医師とメッセージでやりとりし、「明日の午後8時ごろからならＯＫです」という返事が来た。

避難者の心と精神的ケア

その日は車で10分ほどの場所にある、総部屋数8室の旅館に泊まった。ほかの客の姿を見かけなかった。畳の部屋に一人。静かだった。念のため、スマホを近くに置き、着信音量を最大にした。

私が話を聞いたために、庄司さんが当時を思いだし、体調を崩している可能性があって不安だった。

午前2時、スマホの着信音が鳴った。庄司さんだった。

「青木さん、やっぱり、黎央のところに行きたいなあって思うんですよ……」

　私は、庄司さんの話にじっと耳を傾けていた。時折、こちらから「また伺いますから」と言う。

「次」があるのかどうか、恐ろしくて、電話のたびに必ず「次」の何かを約束するようにしていた。

「青木さん、青木さん」

　泣き声だった。

　――はい。

「青木さん、おれ、生きていていいですか」

　――もちろんじゃないですか。

　庄司さんは、声を振り絞って言ったように感じた。

　本当は生きていたいのだ。けれども、生きていていいのかと自分を責め、電話をしてくる。

　――黎央さんが亡くなったのはお父さんのせいじゃないですよ。お父さんに、生きていてほしいと思っていますよ。

　早く蟻塚医師に専門的な助言を受けて、どうしたらいいか聞きたかった。

　なんとかケアにつなげたかった。

　翌日、浪江町で予定していた取材を終えて、私は高速で相馬市に向かった。工事車両や、汚染土を原発周辺に運び込む車で混み合っており、予定より時間がかかった。あせりながらも、なんとか、40分ほどで相馬市の「メンタルクリニックなごみ」にたどり着いた。

「東電も国も謝ってませんよね」

クリニックは住宅街にあった。午後8時半過ぎ、ほかのスタッフはすでにおらず、蟻塚医師が一人、玄関に出てきて、院長室に案内してくれた。

水色のシャツの上に青いカーディガン、白髪でメガネをかけた70代前半の小柄な男性だった。笑うと目尻《めじり》にしわが出て、より優しい印象になる。

院長室の本棚には本がぎっしり詰まり、机の上にも積まれていて、まるで本の中に机と椅子があるようだった。

今までのお礼を言って、さっそく庄司さんの相談をした。蟻塚医師は悲しげに話した。

「青木さん、パワハラって、加害者が被害者に謝ると、被害者の精神状態が良くなるんですよ。東電も国も謝ってませんよね。それがまた、人々を苦しめているんです。原発事故は国と東電による『国策民営』の人災。国が謝罪してきちんと賠償することが必要なのに国は向き合っていない」

庄司さんは、国や東電に対する怒りを繰り返し口に出していた。住宅提供打ち切りの謝罪、そのために息子が死んだことへの謝罪、人生を狂わされた謝罪、何もない。謝られていないので、苦しみ続けている。

「国が原発再稼働を進めるたびに、原発事故で避難した人たちは胸をかきむしられる。『何で自分たちの苦労がありながらまた再稼働するんだ。自分たちが生きてきたことが否定される思いがする。とってもつらい』と」

庄司さんは「同じような人がもう出ないように」と話しており、国がすでに9基を再稼働し、隣の宮城県の女川《おながわ》原発でも再稼働を進めようとしていることに「原発は人が作ったもの。事故を起こさない原発はないのに」と、とても心配していた。

福島県では再稼働に反対する声は強い。２０２０年2月の「朝日新聞」世論調査では、再稼働について全国では賛成29％、反対56％だったのに対し、福島での調査では賛成は11％で、反対が69％にのぼった。浪江町から避難する菅野《かんの》みずえさんは「（これまで）自分たちは体を張ってでも原発に反対しなかった」と東京の集会で訴えていた。多くの被災者が「もう同じ思いを誰にも味わわせたくない。再稼働しないで」と口々に訴える。

それでも、国は各地で原発の再稼働を推し進め、そのたびに被災者の心は疲弊していく。

政府が原発事故を謝罪しないどころか、支援を打ち切っていくことが、避難者をさらに苦しめている。それでもなお、政府は２０２１年以降、さらに支援を縮小する。

政府は当初定めた復興期間が20年度で終わるとして、19年12月に「復興・創生期間後における東日本大震災からの復興の基本方針」を閣議決定。予算は20年度までの10年間の31兆3千億円から、21年度からの5年間で1兆6千億円と大幅に減額される。うち3千億円は復興事業のために発行している国債（復興債）の償還などに充てる。

年平均では約３兆円から、３千億円ほどと10分の１になる。復興交付金を廃止し、中小企業再建や、宮城、福島、岩手で被災者の心の相談に応じる心のケアセンターなど各支援を縮小する予定だ。支援団体からは「今後活動が続けられるのだろうか」との不安の声が上がっている。

――政府は震災から10年で大幅に支援を打ち切るようですが……。

「10年で終わったという国の発想は間違い。沖縄戦によるPTSDは60年、70年経ってから出ています。国は福島県の人たちのメンタルの実態調査すらしない。調査をしたうえで、今後50年のメンタルヘルスの追跡計画をたてるべきです」

国は被災者の実態調査すらしない。私はこれまで何度も復興庁になぜ実態調査をしないのか、質問してきたが、全国26拠点で相談を受けている、という回答が繰り返されてきた。

実態をつかませず、うやむやに終わらせる。それが狙いなのだろうか。

「沖縄とは、違いがあります。福島では『話せない』ということです。沖縄で戦争を語るのは多数派ですが、福島で震災を語るのはマイノリティーで、言っちゃいけない。『がんばろう福島』ばかりでしょう。これを掲げるのは、まるで日本が第二次世界大戦が終わったときに、自分たちがどんなトラウマを負ったか、外国の人にどんなトラウマを与えたかに向き合おうとしないで経済成長に走ったことと同じです。国は戦争に向き合うことから逃げたように、原発事故に向き合うことから逃げている」

蟻塚医師の分析は、腑《ふ》に落ちる話だった。政府が復興ばかりに光を当てるため、暗い話をするのは勇気がいる。自ら命を絶った54歳の女性は、ツイッターで放射能が心配とつぶやくと

「放射脳」と揶揄《やゆ》され、苦しんでいた。私が福島県で母親たちと話すと涙を流す人も多い。「娘の体が心配なのですが、話せる相手がいないのです。放射能のことを話すと『まだ気にしているの』と言われてしまって」と。

庄司さんも、ふだんは淑子さん以外には話す相手がいないようだ。話せない、ということ自体がより心を重く、つらくさせている。

――あの、庄司さんは「死にたい」と自分で訴えることができていますが、実際には……。

「実際に死んでしまう、ということはあると思います」

愚問だったと反省した。庄司さんは何度も入院を繰り返している。

蟻塚医師は、「そうだ、ここがいい」と、言った。

クリニックの運営主体の認定ＮＰＯ法人「相双に新しい精神科医療保健福祉システムをつくる会」は、南相馬市内で「相馬広域こころのケアセンターなごみ」を開設している。蟻塚医師は、センター長の米倉さんを頼るよう、言ってくれた。ＮＨＫの番組でも紹介されていた人だ。米倉さんは看護師で、センターでは保健師など６人で被災者の訪問支援、電話相談などを行っている。いまは１２０～１３０人ほどを支援している。

庄司さんには近くに頼れるところがあるということが大事だ。蟻塚医師は、私の目の前で米倉さんに電話してくれたが、つながらなかった。

医療体制を整えないまま、帰還政策を進める政府

翌日、南相馬市に戻り、再び庄司さんの家に行った。庄司さんは足の診療を受けるために病院に行っており、不在だった。淑子さんは、少しかすれた声で私に言った。

「あのね、青木さん。本当に何とかしてほしいんですよ」

――そうですよね。お母さん、心配でたまらないですよね。

「この間もね、夜中に『どすん』って音がしたの。首くくろうとして落ちたんじゃないかと思って。ロープ買ってきてたみたいで。本人がいる前では言うと怒られるから言わなかったけれど」

首をくくるのにいい枝がある、とよく話す庄司さん。自殺未遂の回数が5回と言ったり6回と言ったり、ちょくちょく変わる。確実なのは通院を4カ所、入院を2回しているということだ。実際には、自殺未遂は何度起こしているのだろう。

――お母さん。庄司さんは医療ケアを受けた方がいい状態だと思います。昨日テレビで一緒に見た、この「なごみ」というところにお願いしておきますから。

そのままレンタカーで蟻塚医師が紹介してくれた南相馬市の「相馬広域こころのケアセンターなごみ」に向かった。庄司さん宅から10分ほどで、正午近くになった。あらかじめ電話しておいたところ、センター長で看護師の米倉一磨さんはミーティング中で、昼前には終わるとのことだった。

アルコール依存症の人、精神的に不安定になっている人……。南相馬市には、浪江町、南相馬市南部からの避難者らを対象に県営の復興公営住宅８７７戸分が建設されており、助けを求めている人は多くいる。一方で南相馬市周辺は、原発事故前から顕著だった医療不足がより深刻になっている。センターでは６人で１２０人を見ている。多忙なのだろう。

奥から男性職員が出てきて「まだ米倉さんのミーティングが終わらないです」と言う。

私は常磐線の運転士たちに会う約束があり、もう行かねばならなかった。

運転士たちに話を聞いた後は、そのまま次の取材のため東京に戻らなければならない。原発映画を作る東京の高校生を取材する予定が入っていた。もうここに戻ってくる時間が無い。

男性職員に名刺を渡し、センターをあとにした。駅前の喫茶店で運転士たちに会った。ＪＲ常磐線再開にともない、運転士たちが被曝する危険性を懸念し、ＪＲ東日本に訴えている。常磐線再開は明るい復興のニュースとして報じられているが、そこではほとんど報じられない、負の側面だ。運転士たちは「途中で線量が高いところがあります。どうやって被曝から身を守ればいいでしょうか」「乗客にどう知らせたら」と心配げに話した。被曝と復興。避けては通れない問題だ。情報公開が必要ですねと話した。話に聴き入っていると私が乗る予定の電車の発車時刻がせまり、ＪＲ原ノ町駅に走った。運転士の一人が私の荷物を持って、一緒に走ってくれた。ホームに駆け込んだところで、「接続列車が遅れているため、発車が15分遅れる見通しです」とアナウンスが流れた。

15分——十分な時間だ。

ホームに出て、南相馬市の「相馬広域こころのケアセンターなごみ」に電話した。

「米倉です。すみません、来ていただいたのに」

米倉さんとようやく話すことができた。高い声だった。

私は、黎央君の自殺の話や、その後、庄司さんが自殺未遂を繰り返してきたこと、いま医療機関につながっていないことなどを伝えた。

――あの、本人から連絡がいくかもしれませんので。

「わかりました」

まだ電車が出るまで少し時間があったので、庄司さんに電話した。

――庄司さん、私これから南相馬を離れますけれど、「なごみ」に庄司さんのことをお伝えしておきました。

「わかりました」

電車の発車ベルが鳴る。私は通話したまま乗り込んだ。

――庄司さん、すみません、もう発車で。

電車が動きだし、電話を切った。

数日後、庄司さんに再び電話をしたが、「なごみ」に電話はしていなかった。

まただめだったか。疲れ切っている人が見知らぬところに電話するのは、かなりハードルが高い。かといって、医療過疎の中で、米倉さんに「誰かに行ってもらえませんか」と安易に言えない。政府は医療体制を整えないまま、帰還政策を進めている。帰るのは高齢者が多い。支えが必要な人の割合が多くなり、支える人の割合が少なくなっていく。先日も知人の夫のアルコール依存症とみられる60代男性が一人で浪江町に帰ったばかりだ。富岡町に戻って認知症になった77歳の男性もいた。孤独死も複数出ている。医療崩壊は目に見えている。

政府が避難者に実施している調査では、帰還しない理由に「医療が元に戻らないから」と答える人が常に上位に入る。なのに、政府がその問題を主体的に解決しているようには見えない。

未明の電話

2週間ほど後の3月4日朝、起きると、スマートフォンに着信履歴が残っていた。庄司さんからで午前4時。留守電には、静かな呼吸音だけが入っていた。

かけ直したが、応答がない。1時間後にかけたが、やはり出ない。時期が気になった。震災のあった3・11に近づくと心身の調子を崩す被災者が多い。何度もかけて3月8日、日曜日につながった。

――庄司さん、心配したんですよ。ずっと電話に出ないから。いまお家ですか。

「あのね、黎央のところに行こうと思って、電話したんだ」

か細い声で、庄司さんは続けた。

「黎央が、お父さんもゆっくり休んでって言ってるんです。私、黎央のところにいきたいなって毎日葛藤《かっとう》しています」

必死で考えをめぐらせた。まずは「次」の約束を作ろうとした。

――庄司さん、いまね、庄司さんについて書いた原稿が載った雑誌を送りますから。

岩波書店の月刊誌「科学」２０２０年3月号で、庄司さんのことを書かせてもらっていた。

庄司さんは少し沈黙した。

「青木さん、それが届くまでにゆっくり休んでいると思うよ。いろいろあったけれども、ありがとうございました。もうね、おふくろの介護も疲れました。疲れたからゆっくり休んでもだめかな、と毎日葛藤しています。黎央に『お父さん、やっと来たな』と言われるかなと、思うときもあるんですよ。東電の野郎、とも思うんだけども。9年経ったけれども、私にとって原発事故は、終わってないんです」

彼が言う休む、の意味は、永遠に休むことを意味して使っている言葉だ。

やはり3・11に近づいたことが、状態が悪化した一因としてあるようだ。

「もういいんです。母親は家を売りたいってことで、家も出なくちゃいけなくなっちゃったし。私、居場所なくなっちゃったのね」

障害年金は申請していないのだろうか。ひどく疲れているようだ。まずい。嫌な予感がする。駆けつけたいが、新型コロナウイルス関係で病院や保健所の取材に追われており、とても東京を離れられない。電話で、何とかするしかない。

私は、語りかけた。

――庄司さん、もしね、庄司さんがいなくなったら、誰が黎央君のことを語っていくんですか？　それこそ、誰もいなくなってしまいますよ。

庄司さんは、しばらく沈黙していた。

——庄司さん、きょうは、被災者向けの無料相談電話をやっているんです。庄司さん、いかがですか。

「説明したってそれはそれ、で終わってしまうでしょう。疲れたからゆっくり休んでもだめかな」

いつもより、死にたい、という言葉が多い。

——とにかく相談電話にだけ、かけてみてください。

「ああ、そうなんですか。じゃあ、メモをします」

相談をしているNPO法人「3・11甲状腺がん子ども基金」の電話番号を伝えた。庄司さんが電話番号を書き取るのに3分ほどかかった。

「なごみ」の電話番号も改めて伝えた。

——庄司さん、大変申し訳ないんですけど、また電話がつながらないことがあると私、心配でたまらないので、お母様の携帯番号を教えてくれませんか。

庄司さんは番号を教えてくれた。

最後に念押しで、「庄司さんに資料を送ったら、また電話します」と告げた。私から電話がくるかもしれない、ということが庄司さんの意識をつなぎとめてくれることを祈って。

状態がとても悪いように感じた。この電話のあと、すぐに「相馬広域こころのケアセンターなごみ」センター長の米倉さんにかけた。

——以前にお願いした庄司さんの件で、状態がとても悪くなっているので、そちらに連絡がいくかもしれません。

　相談電話か「なごみ」か、どちらかにかけてくれるように祈った。

繰り返される自死への衝動

　この2日後の3月10日、庄司さんは初めて「なごみ」に電話した。

「息子が亡くなってから、あとを追いたくて……」

　電話を受けたのは、米倉さんだった。看護師である米倉さんは翌日、庄司さん宅を訪れ、庄司さんと話した。庄司さんは、これまでの経緯や、今も死にたいというつらさを米倉さんに語った。

　米倉さんは、庄司さんをセンターで支援することに決め、センターで実施している男性の料理教室に来るように、誘った。

　数日後、私が再び庄司さんに電話すると、いつになく明るい声が返ってきた。

「今度、なごみさんから料理教室をやるからとお誘いがあったんです。ずっと料理はやってきたので」

　よく病気の峠を越える、という言葉があるが、インフルエンザで熱が抜けたような、峠を越えたような感じを受けた。結局、料理教室はコロナで中止になったが、それでも誰かが近所で気にかけてくれている、ということが、庄司さんの心に響いたのだと思った。

　米倉さんは庄司さんの症状の深刻度を受け止めてくれ、1週間に1度、庄司さんの家に顔を出してくれるようになった。庄司さんが不在のときでもお線香をあげて、淑子さんと話した。庄司さんが寝ているときは網戸を開けて「元気ですか」と声をかけ続けてくれた。

それでも「死にたい」と繰り返すので、米倉さんは言った。

「庄司さんに何かあったら、少なくとも3人の人が悲しむんですよ。お母さん、私、そして青木さんも悲しむ」

庄司さんは「そうなんですね」と納得したようだった。

庄司さんの酒の量は減ったが、寝ていることが多くなった。波があって、ときどき、死にたいと言うが、徐々に回数が減ってきたのを感じた。

4月13日から、私が庄司さんについて書いた記事の連載が「朝日新聞」の夕刊で始まった。全5回だった。「原発避難者の静かな叫び」とのタイトルで動画もＹｏｕＴｕｂｅで無料公開された。

手紙やメールで反響が寄せられた。

私の前職の北海道新聞の記者の先輩から16日にショートメールがきた。彼は妻を亡くしていた。

〈もしお許し願えるなら庄司さんにお伝えください。「黎央さんが生きていると思って毎日、普通に話しかけてください。会話してください。私はそうして生き延びました」〉

すぐに庄司さんに電話をして、先輩の言葉を読み上げた。

「……はい、ありがとうございます」

小さい声だった。心に響いてくれればいいと思った。

新聞が無事届いたか、届いた後に読み返してどうだったか伺おうと、4月21日に庄司さんに電話した。ところがつながらず、淑子さんには電話がつながった。

「きょうね、年金の窓口で新聞のコピーを渡したら、女の人が新聞見て泣いていたっけ。『こういう人もいたんですね』と。ありがとうございます。範英は気分がよかったようで、『沢の水をとってくる、これでコーヒーとかごはんを炊いたらおいしい』と外に出て行きました」

お母さんの声は明るかった。書いて良かった、と思った。障害年金も受けられそうだ。

私も嬉しくて、この日の夜に庄司さんに電話した。

――きょう沢に行かれたんですか?

「ああ、はい。でも薬で眠くなって、途中で車を止めて寝ていました」

少しがっかりしたが、それでもいくらかは前向きな話で、嬉しかった。

庄司さんは、1週間後の同28日には再び水を汲《く》みに、外出した。今度は水を汲んで自宅に戻ってきた。

だが体調は安定しなかった。5月16日に電話したときは、とても状況が悪かった。

「もう3日食べていない。食べたいと思わずに、口に入れても吐いてしまうんですよ。カリウムが足りないということで点滴をうってもらってきました。入院が必要かもしれないと言われています。家族写真を引き伸ばして仏壇に飾っているでしょ。あの写真から黎央に『お父さん、早くこっちこいよ』と言われている気がするんですよ」

——黎央君はそんなこと思っていないですよ。

庄司さんはこのあと、北の新地《しんち》町の精神科クリニックに行った。前年の黎央君の命日前に庄司さんが自殺をしたいと警察に電話し、保護されたときに診てもらった医師だった。障害年金を申請するための相談が目的でもあったが、これで医師にもつながった。

3・11は乗り切ったものの、もう一つ、心配な日があった。

庄司さんが「6月12日の命日まで生きていないかもしれない」と言っていた。ずっと気にしていた。前年は命日の前後に死に場所を探して歩き回り、2度、保護された。南相馬市まで行きたいが、東京都がコロナ感染防止のため都道府県をまたぐ移動をしないよう、自粛要請をしていた。しかも淑子さんは高齢だ。私が東京から会いに行くのは、はばかられた。

前日の6月11日に庄司さんに電話した。

——すみません。命日にお線香をあげに伺いたいのですが、まだコロナで。

「大丈夫です。わかってます。あのね、青木さん。記事でインターネットでなんか悪いことを書かれているんじゃないかって、妹がお袋に言ってたと聞いてたんですけど」

心配そうな声だった。

庄司さんの連載はネットにも掲載された。ツイッターで「賠償金をもらっている」という心ない書き込みがあった。そのことを指しているのだと思った。

――すみません、賠償金の話は、どなたのことを書いても必ず書き込む人がいるんですよ。避難指示区域外の避難者の生活は苦しく、新潟県の調査では借金をした区域外避難者は８・５％にのぼった。どうしていつも「避難者は賠償金をもらっている」と中傷する人がいるのか。中傷する全ての人に言いたい。それなら、あなたはいくらもらえば同じ目に遭ってもいいと思うのですか、と。原発事故の被災者は、お金では決して買えないものを多く失った。記事で何度も伝えても、匿名で攻撃する書き込みがある。書かれた側がどんなに傷つくか、思いを馳《は》せてほしい。

「ものすごく多くの応援メッセージやご感想が寄せられています。お送りしますね」

ただでさえ明日が命日だというのに、ますます落ち込んでしまったら大変だ。

フェイスブックに寄せられた感想を印刷し、急いで郵送した。

永田浩三《ながたこうぞう》（大学教授、元ＮＨＫ）　つらい記事ですが、掲載されてよかったです。
福島《ふくしま》みずほ（国会議員）がんばってください。大事な記事です。
男性　頑張って下さいね。私の職場にも母子避難している介護福祉士がいて応援しています。
男性　原発事故さえ起こさない努力を会社がきちんとしていれば、多くの犠牲者は出なかった。中曽根《なかそね》元総理が原発を進めなければ。アメリカが日本に原発を押しつけなければ。たられればばかりになるが、利権の犠牲者であることには間違いない。
女性　読みました。いい記事をありがとうございました。嬉しいです。
関久雄《せきひさお》さん（家族が避難）　記事はつらい内容ですが、青木さんが書いてくれることができて良かった。我々の言葉をしっかり拾って下さるから。ありがとうございます。
男性　読みました。悔しいですね。原発さえなかったらとつくづく思います。
女性　福島の皆さまも、青木さんも負けないで。例え絶望の淵に立たされたとしても、捨てる神あらば、拾う神も必ずあります。その秘訣《ひけつ》は、「これまで生かされてきた体験を思い出す事」。
女性　胸をえぐられる内容ですね…。書いてくださることが嬉しいです。続けてほしい。
男性　がんばって、と申し上げる外《ほか》にありません。闇の向こうに灯の見えるときもあるでしょう。
男性　#原発さえなかったら…とつくづく思います。（合掌）
女性（支援団体主催）　この少年の絶望を思うと言葉がありません。
男性　千葉県へ自主避難した被災者原告の裁判最終弁論を数回傍聴しました∴多くの被災者は十数回も転居し、やっと辿《たど》り着いたのに、子供は「バイキン」と呼ばれ虐《いじ》められ、親も福島出身をひた隠しせざるを得なくなり、愛する故郷に残った年老いた両親には先立たれ、帰りたくても高線量で、多くの友人知人も帰還できず、避難住宅補助も打ち切られ、経済的にも追い詰められている厳しい現実を、嗚咽《おえつ》し涙ながらの長時間の証言に、裁判長すら静止できず、本当に涙無しには聴けませんでした！毎日コロナウイルス報道ばかりですが、福島の子供達の甲状腺癌《がん》急増や想像を絶する厳しい現実を決して忘れてはいけない！　青木記者の被災者に寄り添った貴重な連載記事で、一人でも多くの人達に福島が直面する様々な事実を是非《ぜひ》認識して欲しいですね！

男性　読みました。涙が止まりません。

6月16日に電話をした。庄司さんは出なかった。淑子さんに電話した。

「ああ、たくさんのコメントを送ってくれて、ありがとうございました。福島瑞穂《みずほ》さんのもあって。範英、すっかり元気になって、朝から晩まで寝ていることはなくなった。きょうも山に行ってあじさいとってきて、いま葉をとっているところだわ」

淑子さんは少し笑いながら話した。よかった。人々の声が庄司さんの心に届いてくれた。人はひとりの力では限界がある。

蟻塚医師のアドバイスがあり、「なごみ」の米倉さんが通ってくれ、そして記事にしたことで多くの人が庄司さんを励ましてくれた。

都の移動自粛が解け、改めて7月12日に庄司さんの自宅を訪ねると、庄司さんは、「あまり時間はかからないですよね」とコロナを警戒しているようだった。母親の淑子さんが81歳と高齢だからだ。淑子さんは台所の奥のコンロ近くの椅子に座っており、庄司さんは私と淑子さんの距離を気にしていた。私は家に入るなり洗面所で手を洗わせてもらい、線香をあげさせてもらった。マスクは終始、つけたままにした。

──すみません、前に取材したときに撮影させていただいた動画をお見せしたいんですけど。

ネットで公開した庄司さんや蟻塚医師の動画を私のパソコンで見せた。庄司さんの家にはネット環境がなく、言葉で説明していたものの、見せるのは初めてだった。「あとを追いたい」という庄司さんの言葉、庄司さんが長女から電話をもらったときのこと、妻から「黎央死んじゃってる」と連絡を受けたことを話す場面が流れる。

庄司さんは見ながら何度も涙をぬぐった。

「ありがとうございました。……嫌な世界から逃れられると思ったのかね」

はっとした。

庄司さんの申請をもとに、黎央君の死は、東京電力福島第一原発事故に伴う避難のために亡くなった震災関連死だと認められた。有識者で作る南相馬市災害弔慰金等支給審査委員会の判断だ。震災関連死は、２０１９年９月末での発表の1都９県の３７３９人から、20年9月末には３７６７人と28人増えた。黎央君はこのうちの１人だ。庄司さんは、これまでは「自分のせいだ」と繰り返していたが、少し客観的に見られるように意識が変わった気がした。

「本当に記事にしていただいたおかげで多くのコメントをいただいて。国会議員からも」

──こちらこそお世話になって。

庄司さんは小さなペットボトルのコーヒーをくれた。

涙を見せたのは動画を見たときだけで、庄司さんは冷静に話していた。

滞在したのは2時間ほどだが、庄司さんは、あれだけ何度も繰り返し言っていた「死にたい」という言葉を一度も口に出さなかった。

私は淑子さんに近づかないように気をつけながら、受診記録などを見せてもらった。見違えるほど元気になったように見えた。

淑子さんも安心した様子だった。月末に北海道の施設に帰っていった。


しかし、庄司さんは再び体調を崩した。2020年10月末に電話した際、「食べられないいんです」「薬が多すぎて、どこまで飲んだかわからなくなってしまって」とか細い声だったので、11月6日に駆けつけると、冒頭に書いたようにほぼ倒れた状態となっていた。北海道にいる淑子さんは「コロナで施設から一歩も出られない」と、庄司さんに会いに行けない状況にヤキモキしていた。私は「入院しないと死んでしまいますよ」と2度、庄司さんのところを訪れ、説得を繰り返した。

12月になって、庄司さんは入院に納得し、「なごみ」の人たちの付き添いで病院に入院した。退院後も医療機関への通院や「なごみ」の米倉さんの訪問など、息の長い支援が必要だ。

だが、その治療やケアを続けられるかどうかも、危うくなっている。

政府が、医療費免除を打ち切る方針を打ち出したためだ。

「公平性」を理由に、医療費免除の打ち切り方針

前述したように政府は2019年12月、今後の復興の方針を出し、支援策の縮小を盛り込んだ。避難指示などが出された地域の人たちは、世帯所得が600万円を超える人を除いて医療費の窓口負担が不要となっているが、この方針に、「公平性の観点から適切な見直しを行う」として削減方針が盛り込まれた。

庄司さんの住む南相馬市のほか、川内《かわうち》、田村《たむら》、広野《ひろの》の4市町村や自民党福島県連、楢葉《ならは》町議会などが医療費免除の継続を政府に要望している。

弁護士や医師、市民でつくる首都圏の支援団体「震災支援ネットワーク埼玉（SSN）」の人たちもまた、危機感を抱いた。彼らは毎年、首都圏の避難者にアンケートを行っている。2019年12月から20年3月までの調査結果では、生活に支障をきたす恐れがあるほど抑うつ、不安状態が強い人は18％と高い値が出た。全国平均の6倍という高さだ。震災後、徐々に下がったが、住宅提供打ち切りを機に上がり、高止まりしている。

SSNの心療内科医の辻内琢也《つじうちたくや》・早稲田大教授は、原発事故が人為災害であることや、住宅提供打ち切りの影響が大きいとみている。

辻内教授が調べた海外の論文によると、PTSDの発症率は、自然災害による発症率が4〜30％なのに対し、人為災害は15〜75％と高い。SSNによる首都圏の避難者への調査ではPT

ＳＤの可能性が高い人の割合は、12年には67・３％と非常に高かった。13年に59・６％、14年57・７％、15年41・０％、16年37・７％と徐々に下がってきたところ、住宅提供打ち切りがあった17年に46・８％と上がり、19年は41・１％となった。

身体疾患でも、避難生活で「持病の悪化」が認められた人が46・１％、「震災後に新たな疾患を患った」人が62・６％で、「医療費の負担を感じている」人は31％にもなった。

医療費免除が打ち切られれば大変なことになる、とＳＳＮは復興庁に打ち切りをしないよう要望することを決めた。

２０２０年６月19日午前、ＳＳＮ代表の猪股正《いのまたただし》弁護士、辻内教授ら３人が復興庁を訪れた。私は同行取材した。

復興庁は会議室で、代表の石田優《いしだまさる》復興庁統括官ら５人が対応した。

猪股代表は、〈避難生活が長期化する中で、避難者の健康状態が悪化している現状に対応するため、医療・介護保険等の保険料・窓口負担の減免措置の打ち切り方針を見直し、減免措置を再開、継続すること〉などとする要望書を石田統括官に手渡した。

長机が会議室の両端に置かれていた。平行に置かれた長机二つの片方に復興庁が並び、離れて置かれたもう一つの長机に猪股代表、辻内教授らＳＳＮが座った。

石田統括官は、穏やかな口調で話した。

「被保険者間の公平性との観点から適切な見直しを行います。無料措置を受ける人がいる中で、これまでも一部の高所得者には負担してもらいました。ある意味では不平等感があるのは事実です。縮減して予算を減らすありきではなくて、公平性という観点からみて、負担いただくべきところがあれば負担をいただく必要があるだろうと見直しを検討しています」

公平、バランス——。

庄司さんたちを苦しめている住宅提供打ち切りのときと同じだ。

政府は「自力で生活再建している人もいる」と、公平性の名の下に、住宅提供を打ち切ってきた。猪股代表らは住宅提供の再開や、みなし復興公営として民間住宅を借り上げるよう要望したが、石田統括官は淡々と答えた。

「ご地元の避難者とか自主再建された方とか、いろんな方とのバランスのなかで悩みながらの決断の結果、そうなった経緯があります。復活自体は難しい」

1時間という時間が過ぎ、最後に猪股代表が言った。

「バランスをみて、人の命が失われるという状況にならないようにお願いします」

私は、庄司さんが医療費まで打ち切りされると聞いたらどう思うだろうかと不安になった。

会合が終わると、私は石田統括官に駆けよった。

——医療費を削減するとしたら来年度からですか。

「来年度にむけて、公平性の観点から見直すという打ちだしで、どこまでどうやるかは、これから議論していくところです」

——避難者全員にアンケートを送ることができるのは国だけです。実態調査はやらないのですか。

「我々も実態把握の必要はよくわかっているので、どうした形で実態把握すべきなのか、福島県と相談しながら。実態を把握する必要性はわかっていますので……」

——全国規模のアンケートは検討されるということですか。

「この場で言うのは難しいです」

石田統括官の物腰は終始柔らかいが、返答内容は厳しかった。

２０２０年7月12日、庄司さんに会いに行ったときに、この件を話した。

「え、医療費がかかるようになるんですか。それは困ります。入院するときはどうしたら」

激しい動揺だった。告げたことを後悔した。

庄司さんは19年6月、20年1月、12月と、半年から1年おきに入院している。恐怖を与えてしまったに違いなかった。

私がこれまで出会った、避難してから原因不明で倒れた高齢の70代の男性や、アルコール依存症になり体を壊してしまった60代の男性、乳がん治療をうけている50代の女性などの顔が思い浮かんだ。彼らが避難者の医療費打ち切りを知ったらどう思うだろう。

住宅提供打ち切りで家賃がかかるようになったうえに、医療費まで打ち切りになったら、受診を控えるようになる人も出てくるだろう。避難生活のために体を壊した人も多い。避難者たちをどれだけ精神的、身体的に追い詰めることになるだろうか。

被災者を支える「原発事故子ども・被災者支援法」はなぜ機能していないのか。

議連で法案成立の中心人物だった一人、森雅子・自民党副幹事長にインタビュー取材を申し込んだ。被災地のいわき出身・選出で、私は森氏が集会に出席して原発事故について謝罪する姿を見てきた。

森雅子・自民党副幹事長にインタビュー

取材は２０２０年10月14日、国会議事堂の一室で行った。

森氏にはひっきりなしにアポが入っており、私がインタビューする前も打ち合わせが続いていた。

――子ども・被災者支援法について。機能してきた部分、機能しなかった部分について、教えて下さい。

「私は『子ども』のほうに思い入れが強くて、その部分でずっと見てきたんですけれど、その部分で言うと、残念ながらあまり進んでいないかなと思います。この法律の肝《きも》はこれからなんです。原発事故当時、胎児、赤ちゃん、小学生だった子どもたちが、大人になってあれっと思ったときに原発事故関連ではないかということで、国がきっちりと相談体制から医療体制までみてあげるっていう法律ですから。それが機能していくように、私はずっと命のある限り、国会議員である限りはもちろんのこと、国会議員でなくなったとしても、命がある限り、注視し、実現できるように全力でやっていきたい」

——甲状腺がん、全数調査をやめた方が良いという話があります。過剰診断と言われていますが。

福島県内の学校などで行われている甲状腺検査をめぐっては、福島県小児科医会が16年８月に「検査によって子どもや保護者に不安が生じている」として検査規模の縮小も含めた見直しを県に要望。一方で「３１１甲状腺がん家族の会」は同月、「過剰検診のデメリットはない」として、県に規模拡充を求めていた（16年９月15日付「福島民友」から）。

「私は母親なので検査できるものは何でもしてほしいと思うほうです。指摘があるんであれば、逆に情報を啓蒙《けいもう》するほうに力をいれたほうがいいのでは。心配しすぎなくていいよという正しい医療知識をお母さん方、お子さん方、お父様、関係者にも提供するというほうにいくのが正しい方向だと思う。もう少し皆さんの心にすとんと落ちるような方法をもっと考えてやるということでデメリットを克服していくべきだと思う」

次に、庄司さんのことを思い浮かべながら聞いた。

——昨年12月の基本方針で避難指示区域の人たちの医療費の窓口負担の有料化が盛り込まれています。

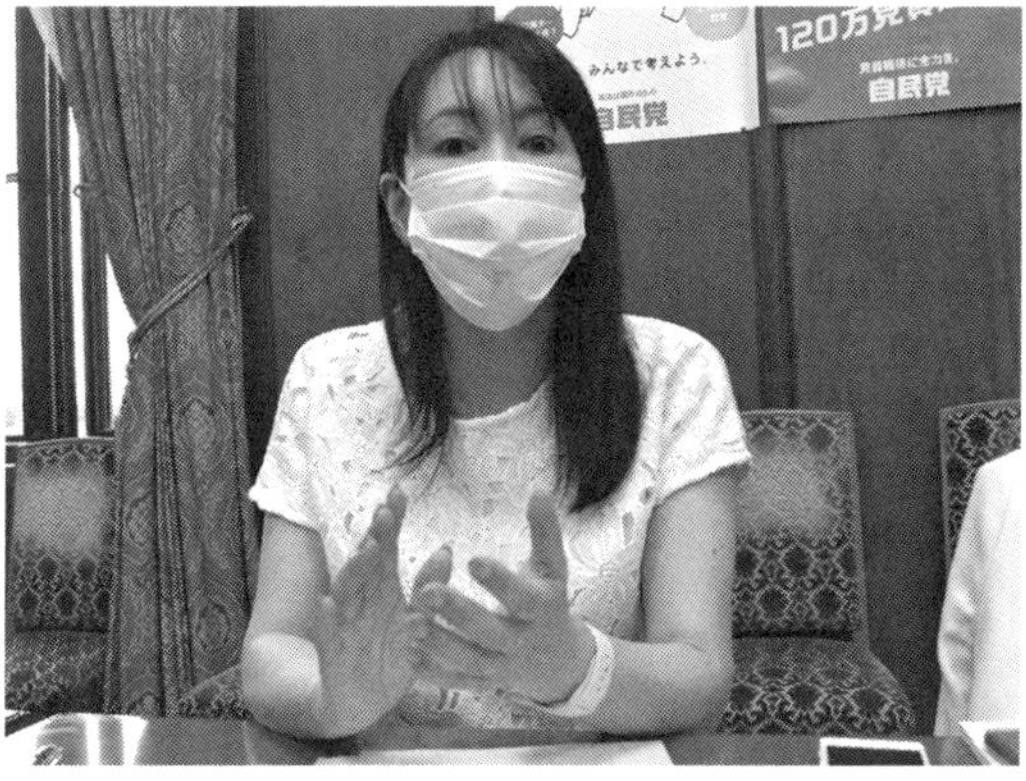

インタビュー取材に答える自民党・参議院議員の森雅子氏。森氏は福島県いわき市出身で、福島選挙区。永田町の国会議事堂の一室で＝2020年10月14日

「やはり自分たちでしっかり要望していくことが何より重要なんだと思います。私たち国会議員が国会の中で声をあげていく、自民党の中で与党として政府に声をあげていくことも、とても重要だと思います。がんばっていきたいと思います」

思わず、よろしくお願いします、と声が出た。地元議員が声をあげてくれることが被災者を守ることにつながる。

――子ども・被災者支援議員連盟の会合に与党の人が参加しなくなってしまいました。

森氏は表情を曇らせた。森氏も13年1月の初会合ではマイクを握って語っていた。

「最初のときの、あの思いを共有できるメンバーがいなくなっちゃったっていうことに尽きると思う。なかなか難しい。皆さんが立場立場で活動をしていくことが一番いいんじゃないかと思う。震災が起きた直後は、みんなの気持ちがひとつになっていた。助けなきゃいけないと。持続するのが難しい。今の環境でみんながそれぞれがんばるということだと思う」

――子ども・被災者支援法では避難先の住宅確保の施策は国が講ずるとあります。住宅提供の打ち切りについては。

「法律に決められたことをしっかりやっていってもらえるように、それぞれの立場の人、被災者本人、国会議員も、支援者も、全国民も、みんな現状をちゃんと認識して、活動するってことじゃないですかね。私も提出議員としてちゃんと見守っていく。注視していきたいと思います」

森氏に、時間になりました、と言われたが、どうしても聞かなければならないことがあった。

──福島県民には脱原発を望む声が60％以上あります。脱原発についてはどう思いますか。

「福島県の原発はゼロ、廃炉にしてほしいと言っています」

東電は19年7月31日に福島第二原発の廃炉を決めている。県内ゼロはすでに決まっている。

──全国は？

「全国は国の方針もあると思いますし。私は、エネルギー政策は将来的には原発ゼロにする方向でやっていくべきですけれども。一個一個古くなったのを安全に対策しながらなくしていって将来ゼロにする。それに対してエネルギーが必要なものがあるとすれば再生エネルギーに変えていく政策をどんどん進めて、原発がなくなっても賄《まかな》えるように、そちらも一緒にしていく〈政策として進めていく〉ということだと思う」

被災地の議員として力強い言葉に感じたが、この13日後の10月27日にフジテレビのニュースで、森氏の姿を見た。

ニュースのテロップは〈温室効果ガス削減で　世耕氏「原発新設検討を」〉。自民党の世耕弘《せこうひろ》成《しげ》参議院幹事長が「現実問題として、二酸化炭素を出さずに大量のエネルギー供給ができる電源は原子力だ。安全に最大限配慮して原子力発電所の再稼働を進めるとともに、新しい技術を取り入れた原発の新設も検討を進めていくことが重要ではないか」と述べていた。世耕氏の右後ろに、森氏が映っていた。またたきをし、静かに座っていた。マスクをしており、表情はうかがい知れない。

その後も政府は、被災者全体の実態調査への着手に言及していない。原発を国策として推進し、安全対策の不備で福島第一原発事故という甚大な人災被害をもたらした。そして国が続けるべき避難者への補償や支援については一方的な打ち切りを告げ、避難者たちを精神的、身体的に追い込んでいる。事故10年を経た現在、その動きはたたみかけるように、さらに加速している。

いや、むしろ国策に起因した事故ゆえに、被害実態をつかまずに、終わらせようとしているのかもしれない。

おわりに

〈歴史ある私たちの町を奪い、住民の人生までも狂わせた原発は罪なことをしたと言わざるを得ません〉〈背たけほどの雑草で、庭の面影はなく、商店街は廃墟《はいきょ》のようで、何の音もしない不気味な街となりました〉

２０１３年2月、福島県富岡《とみおか》町の町立図書館長だった小貫和洋《おぬきかずひろ》さん（当時64）は、避難先の東京都江東《こうとう》区の公営住宅の一室で机に向かい、手紙を書いていた。万年筆で、ゆっくりと白い便箋《びんせん》3枚に書き上げた。

宛先は原子力委員会委員長代理、鈴木達治郎《すずきたつじろう》氏（当時62）。

原子力委員会は、原子力を推進してきた組織だ。鈴木氏はその重要ポストの現職。小貫さんは、この2日前に、東京都千代田《ちよだ》区内で行われた鈴木氏の講演会に参加した。主催者が冒頭で「原子力村の中にいるとは思えない逸材だ」と鈴木氏を紹介した。講演後、小貫さんは勇気を出して、鈴木氏に「うちを見に来てください」と声をかけたところ「ぜひ」と承諾を得た。

手紙には、同じ富岡町から避難している佐藤紫華子《さとうしげこ》さんの詩集『原発難民の詩』（朝日新聞出版）を同封した。詩集のうち「ふるさと」は、俳優の吉永小百合《よしながさゆり》さんが福島市やいわき市、カナダのバンクーバーで朗読し、原爆詩「生ましめんかな」などとともに国内外で紹介した。

ふるさと

呼んでも　叫んでも
届かない
泣いても　もがいても
戻れない

ふるさとは
遠く　遠のいて
余りにも遠い
近いけど　遠いふるさと
あのふるさとは
美しい海辺

心の底の
涙の湖に　ある

吉永さんはこう語っている。「戦争のこと、原爆のこと、福島のこと。忘れないで語り継ぐことが大事。小さな声、小さな力でしかないけれど継続しかない」「今3・11の事故後に思うのは、これだけ小さな国で、地震がいっぱいある風土で、原発というのはやめてほしい、と私は思いますね。人間が安全に暮らしていくためには、もっともっと私たちが工夫しなければいけないと思うんです」

手紙と詩集を受け取った鈴木氏は、3月10日にメールで返信した。

〈本当にありがとうございました。特に佐藤様の詩集は、心に響く、大変重いもので、枕のそばにおいて、佐藤様をはじめとする福島の方々の思いを忘れないようにしております〉

1カ月後の13年4月6日、小貫さんは鈴木氏を富岡町に案内した。町は原発事故のため立ち入り禁止で、3月末に一部の立ち入りが自由になったばかりだった。2人は、白い防護服に半面マスク、手袋をつけて、小貫さんが運転する車で自宅に向かった。富岡町の中央商店街の一角にある、古い2階建ての小売店兼住宅は、逃げた当時のままだった。地震で棚が崩れ、食器が割れていた。居住部分は床が落ちた本で埋もれていた。家財道具もぐちゃぐちゃで、足の踏み場もない。ネズミの死骸もあり、ひどい臭《にお》いがただよっていた。レジは何者かにこじ開けられていた。

「とても帰ってこられないと思います」

鈴木氏は、衝撃を受けた。家は直前まで生活していたことがわかる状況で、急いで避難したことを感じた。住んでいた家や地域をまるごと失ってしまう。痛ましいと思った。

まちにはまったく人影がなかった。小貫さんは、墓や、被害を受けたままになっている津波被災地をまわり、桜並木で著名な夜《よ》の森《もり》地区に連れて行った。2・2キロにわたって植えられた約500本のソメイヨシノは7分咲きで、ピンクのトンネルを作っていたが、わずか500メートルで無粋な金属のゲートに遮《さえぎ》られた。オレンジ色の看板が〈この先　帰還困難区域につき通行止め〉〈放射線量が高い地域になります。観桜する際は車内から観桜いただきますよう、ご協力をお願いします〉と伝えていた。桜並木の8割はゲートの向こう側。人影はほかになく、車がときおり、通り過ぎていった。

鈴木氏が桜の木の茶色の幹《みき》にサーベイメーターをあてて測定すると、毎時2・49マイクロシーベルトを示した。国は、追加被曝線量の年1ミリシーベルトは毎時0・23マイクロシーベルトにあたるとしている。この10倍だった。

小貫さんは言った。

「原子力は安全だと信じて生活していました。信じていたものが崩れました。いつ帰れるのかわからない。原子力を進め、事故を起こしたことに対し、誰に怒ったらいいかわからない。自分の人生が変わってしまい、悲しいです」

鈴木氏は、「日本の原子力政策で最も重要なのは、既存原発を安定的に運転し稼働率を上げることだ」（08年3月1日付「朝日新聞」）などと原発維持を公言してきた。

小貫さんの言葉に、鈴木氏は「申し訳ありません」と謝罪し、涙した。

そして、鈴木氏は、21年1月、私の取材に「原子力が必要という話はとてもじゃないけどできない。やめるべきだと思う」とはっきり言った。


小貫さんは、自宅を解体した。もともと商店街の一角で、土地を売らないかと言われたが、祖父から引き継いだ土地を残しておくことにした。知人のアートディレクター、緑川雄太郎《みどりかわゆうたろう》氏に相談し、21年3月11日に木製の手作りの回転扉を展示する1日限りの現代美術館「MOCAF《モカフ》」とした。22年も続けようと思っている。

「もう戻って住むことは無く、避難先が私の終《つい》のすみかとなる。けれども、富岡を決して忘れることはない」


原発事故から10年。忘却は、政府の最大の武器で、私たちの最大の弱点だ。

小貫さんは鈴木氏のほか、東電の元副社長らも自宅に案内した。小貫さんが現実を知ってもらう努力をしているように、私も彼らの証言を聞き、学び、いかさなければならないと思い、被災者の話を聴き続けている。知人の40代の官僚に、「避難者はパチンコや酒ばかりだ」と言う人がいた。そこで、『地図から消される街』（講談社現代新書）を書いた。わかってもらえるように、被害者が何に、どうして困り、何を失ったかを細かく書いた。出版後、彼の態度は変わっていた。「本を買って読みました。どんなに避難者の人たちが大変な思いをしているか、わかりました」と言ってくれた。本著でも詳しく書くことに努めた。

息子を自死で亡くした庄司範英《しょうじのりひで》さんは、涙を流しながら何度も取材に応じた。口に出すたびに思いだし、つらいだろうに、それでも「誰にも同じ目に遭ってほしくないんです」と話してくれた。原発被害者の人たちは、ほかの誰もが苦しまないようにと願う。彼らが守ろうとしているのは私たち全員であり、未来の子どもたちだ。

2019年、東京都世田谷区《せたがや》で私が講演会に呼ばれた際、保坂展人《ほさかのぶと》区長は私が被災者の実情を話したのちの対談で、訴えた。

「3・11を繰り返さないということは、被災者たちに向き合って重んじるということだと思いました」「沈黙することで現状はちっともよくなりません。沈黙することが現状を追認することであり、格差が格差を加速する結果を生みます。そこを転換するには発言する」「それが沈黙の結果、もう変わらないなと思った結果、あきらめた結果、またそこに転がり込んでいく」

もともと原発は、格差で疲弊した地域に建ってきた。福島第一原発事故は原発を次々建てたい政権が作った仕組みに、地方がのせられた結果、起きた。いまもまた、立地自治体が交付金や税収入がなくなっては地域がたちゆかないと、再稼働を進めようとする。政府は絶対的な安全性を保証しないまま再稼働するが、失敗しても、中枢である東京と利権をむさぼる人々は守られると思っているのだろうか。

原発は複雑な格差の問題でもある。私は、なぜ格差があるのかを問い続けている。答えを求めて与党の政治家や大学教授らに尋ね歩いた。17年夏、政権に助言し、有識者として教育再生実行会議委員を務めた一人に聞いた。貧富の差が教育格差を生み、次の世代に連鎖していると思ったからだ。

——なぜヨーロッパの国々のように大学無償化ができないのですか。

「財政的に大学の学費を出すまでのお金はないよね」

教育に対する公的支出は日本はＯＥＣＤ（経済協力開発機構）の加盟国中、最低で、高等教育の家計負担の割合が高い。お金がない、のではなく、政府が税金を教育に使っていない。

——諸外国に比べて、教育にかけるお金が少なすぎます。

「だってみんな大学に行ったら、ブルーカラーの人がいなくなっちゃうでしょう」

言葉を失った。私自身が、親に「高校を出たら妹の学費を稼ぐように」と言われたことを思い起こした。親に頭を下げて大学に行くことができたが、私はこの国の政権にとっては大学に行くべき人間ではなく、大学に行きたいと思ったことが身の程知らずだった、ということか。

——ブルーカラーの給料や待遇を上げて、ブルーカラーに就《つ》きたい人が選ぶようにすればいいのではないでしょうか。介護職の人の低待遇が問題になっています。さらに国は、国の介護費用や医療費を減らそうとしています。

「もう国は面倒見切れないよ。家で見てもらうしかない。昔の日本はそうしていたんだ」

——いま女性は外で働いています。介護で辞めざるを得ない人たちがいます。政府の女性活躍推進施策と逆行するのでは。

その問いへの、返事はなかった。

既得権益が守られ、経済的に恵まれていない人たちが這《は》い上がることができない。格差を再生産する強固な仕組みは、あまりに不公平だ。

コロナ禍で、この国がいざというときに私たちの生活を守るわけではないという事実が顕在《けんざい》化した。周囲では収入が減り、転職や退職をした友人たちがいる。娘が感染した友人は言った。「迷惑をかけてしまった。娘と一緒に死ぬしかない」。災害級のものに襲われた時、私たちは自分自身を自分で守るしかない。

2021年2月13日、震災10年を前に、東北で再び震度6強の地震が起きた。「原発はどうなっているのか」「避難路が分からない」。人々が恐れる声が寄せられた。

世界のマグニチュード6以上の地震の2割が日本周辺で起きている。地震は未知の部分が多く、絶対的な安全対策は取りようがない。それなのに、政権は舵《かじ》を切って再エネに重点的に予算をあてるどころか、原発に回帰しようとする。政官業学メディアの五角形（小出五郎《こいでごろう》氏、12年3月2日付「朝日新聞」夕刊から）が原子力村をつくり、原発を推進してきたと言われる。事故が起こってからでは遅い。事前に防ぐのも、また、私たちだ。私たちに何ができるのか。知ること、忘れないこと、声を上げることだと思う。

問題はこれからだというのに、報道が減り、さらに長く取材を続けるジャーナリスト仲間が減っていくことが懸念される。原稿を買ってくれる出版社がなければ生活できない。アルバイトをしながら続けている人たちも多く、頭が下がる。報じ続けるのはますます困難になる。私もどうなるか、わからない。しかし、精いっぱい、努力を続けるしかない。

大飯《おおい》原発の運転差し止め判決を書いた樋口英明《ひぐちひであき》元裁判長は、「原発は事故を起こす。そして起きたときの影響が甚大《じんだい》だ。安全だと信じ込まされていた原発事故前の世代より、原発事故を知った私たちのほうが責任が重い」と言う。広島で被爆した放射化学専門の元東京都立大総長、佐野博敏《さのひろとし》さん（92）は「放射線は浴びなければ浴びないほど安全なのに、原発事故で地球を汚してしまった。ドイツのように早く原発をやめるべきだ」と訴える。私は、今後も原発をめぐる根深い問題の取材を続けていこうと思う。私のフェイスブックやツイッターでは、多くの避難者や被災者が意見をあげている。皆様もぜひ、のぞいてみてほしい。

この本をお読みいただき、ありがとうございました。取材先の方々、本当にお世話になりました。また、いつか、皆様にお会いできることを心から願っております。

２０２１年３月　青木美希

青木美希（あおき・みき）
1997年、北海タイムス入社（休刊）。98年9月に北海道新聞入社。北海道警裏金問題（2003年11月から約1年の報道で警察が約９億６千万円を国と道に返還するに至った）を手がけ、取材班で菊池寛賞、新聞協会賞などを受賞。2010年9月、朝日新聞に入社。11年3月11日の東日本大震災翌日から現地に入って取材した。同紙の原発事故検証企画「プロメテウスの罠」に参加、また巨額の国家事業である除染がゼネコンなどに中抜きされ、手抜きが横行していた「手抜き除染」問題を張り込みでスクープ。両取材班とも新聞協会賞を受賞した。原発事故避難者の現状を描いた『地図から消される街』（講談社現代新書）は貧困ジャーナリズム大賞、日本医学ジャーナリスト協会賞特別賞、平和・協同ジャーナリスト基金賞奨励賞を受賞。

いないことにされる私《わたし》たち
福島第一原発事故《ふくしまだいいちげんぱつじこ》10年目《ねんめ》の「言《い》ってはいけない真実《しんじつ》」

2021年４月30日　第１刷発行
2022年５月30日　第２刷発行

著　　者　青木美希
発 行 者　三宮博信
発 行 所　朝日新聞出版
〒104-8011　東京都中央区築地５-３-２
電話　03-5541-8832（編集）
03-5540-7793（販売）

印刷製本　中央精版印刷株式会社

ISBN978-4-02-251766-1
定価はカバーに表示してあります。

落丁・乱丁の場合は弊社業務部（電話03-5540-7800）へご連絡ください。
送料弊社負担にてお取り替えいたします。